秒懂短视频

精准投放、创业方向与落地实操技巧

雷波◎编著

化学工业出版社

·北京·

内 容 简 介

本书重点讲解了DOU+投放方法，以及9个相对成熟的短视频平台创业方向的变现思路、操作方法，包括直播带货、抖音小店卖货、书单号分销、探店及团购达人分销、中视频伙伴计划变现、电影解说号变现、游戏发行人计划变现、拍车达人计划变现、全民任务计划变现。此外，还针对各个方向列出了可供新手学习借鉴的10万粉以下对标学习账号共计693个。

本书附赠25节总时长180分钟的《抖加投放从新手到高手》视频课。

本书适合希望在短视频领域创业的学习者阅读，也可以作为各大中专院校开设的电子商务、营销、新媒体、数字艺术等相关课程的教材使用。

图书在版编目（CIP）数据

秒懂短视频：精准投放、创业方向与落地实操技巧 /
雷波编著 . —北京：化学工业出版社，2023.2
ISBN 978-7-122-42642-0

Ⅰ．①秒… Ⅱ．①雷… Ⅲ．①网络营销 Ⅳ．① F713.365.2

中国版本图书馆 CIP 数据核字（2022）第 245182 号

责任编辑：李　辰　吴思璇　孙　炜　　　　　封面设计：异一设计
责任校对：王　静　　　　　　　　　　　　装帧设计：盟诺文化

出版发行：化学工业出版社（北京市东城区青年湖南街 13 号　邮政编码 100011）
印　　装：北京瑞禾彩色印刷有限公司
710mm×1000mm 1/16　印张 10¼　字数 240 千字　2023 年 6 月北京第 1 版第 1 次印刷

购书咨询：010-64518888　　　　　　　　售后服务：010-64518899
网　　址：http://www.cip.com.cn

凡购买本书，如有缺损质量问题，本社销售中心负责调换。

定　　价：59.00 元

前 言

PREFACE

虽然已经有许多案例证明，短视频是普通人微创业的上佳途径，但由于短视频微创业涉及太多知识，如找定位、找对标、起账号、找选题、写脚本、写文案、买设备、拍视频、剪视频、做运营、分析数据、开通橱窗、开通小店、搭建直播间、规划直播流程、分析直播数据，等等，因此对于新手来说，学习难度较高。

所以，当前在各类短视频平台上有不少讲解短视频的知识播主，以超高学费招收短视频新手学员。

但实际上，只要具备一定自学能力，完全不必花费数千元，甚至近万元，参加培训班，更不必每天花费大量时间，在短视频平台收集各类碎片化知识。

解决方案之一就是这套"秒懂短视频"图书，本套书全面、系统地讲解了短视频微创业各方面知识，覆盖了上述列出的所有知识点，能够帮助新手快速入局短视频。

本书是本套图书的第三本，也是实战性最强的一本。

第1章讲解的是如何使用DOU+付费流量来撬动自然流量，考虑到每次DOU+投放是100元起，因此，新手务必仔细学习本章内容，以避免因为错误投放，浪费宝贵的创业资本金。

第2章至第10章讲解了短视频平台较成熟的9个创业方向的变现思路与操作方法，包括直播带货、抖音小店卖货、书单号分销、探店及团购达人分销、中视频伙伴计划变现、电影解说号变现、游戏发行人计划变现、拍车达人计划变现、全民任务计划变现。此外，还针对各个方向列出了可供新手学习借鉴的10万粉以下对标学习账号。

除上述丰富内容外，本书还附赠25节总时长180分钟的《抖加投放从新手到高手》视频课。

所有赠送课程，仅适用于个人学习者，不可商用，违者必究。

必须要指出的是，短视频领域变化极快，今天学习到的技巧与规则，也许下个月就会发生改变，因此，如果决心进入这个领域，就一定要做好终身学习的准备，保持对新鲜知识的敏感度，这样才不会掉队。

如果希望与笔者交流与沟通，可以添加本书专属微信hjysysp，与作者团队在线沟通交流，还可以关注我们的抖音号"好机友摄影、视频""北极光摄影、视频、运营"。

编著者

目　录
CONTENTS

第 2 章 直播带货微创业实操及 22 个对标学习账号

第3章 抖音小店微创业实操及15个行业260个对标账号

第 4 章　书单号微创业实操及 44 个对标学习账号

第 5 章　探店号及团购达人微创业实操及 100 个对标学习账号

第 6 章 中视频计划微创业实操及 8 个方向 120 个学习账号

第 7 章 电影解说微创业实操及 66 个对标学习账号

第 8 章 游戏发行人计划微创业实操及 38 个对标学习账号

第9章 拍车计划微创业实操及43个对标学习账号

第10章 全民任务计划微创业实操

第1章

利用 DOU+ 助力
短视频创业

什么是微创业

微创业最早出现于 2011 年 1 月的"中国互联网微创业计划"，该计划首次提出了比较完整的关于微创业的运营模式，发展到今天，微创业已经成为一种得到国家相关部门肯定，受到广大创业人员喜爱的创作形式，并由此发展出了灵活就业的概念。

微创业与普通创业最大的区别有以下两点。

» 投入成本低，风险性低。微创业项目大多数基于互联网，是以脑力劳动为主的创业类型，因此，不需要投入大量设备，更不必租赁昂贵店面。甚至许多在职人员可以利用业余时间作为副业展开。

» 门槛低，适用面广泛。微创业项目由于投入低，其中部分项目对知识储备要求也不算太高，因此下岗或转业人员、全职宝妈也能够轻松上手。

从当前经济环境及就业形势来看，压力很大，在这种情况下，将鸡蛋放在一个篮子里，明显不是一个明智的决策，无论是对个人，还是对家庭来说，抗风险的能力都会比较弱，因此，越来越多的人开始寻找微创业及副业项目，使收入更加多元化。

从社会发展的趋势来看，依托于短视频平台的微创业项目明显是最好的选择之一。

首先，短视频平台的日活量已经达到了 8 亿，从商业角度来看，人流集中的地方，无论是线上还是线下，均会孕育巨大机会。

其次，去中心化的短视频分发机制，使每一个人都有公平竞争的机会，哪怕身处偏远山村的"张同学"，也有机会成为平台顶流，从而获得巨大的商业机会。

笔者在本套图书的第一本中，列出在短视频平台获得收益的若干种微创业途径，在后面的章节中将手把手教会各位读者，如何操作这些微创业项目。

借用狄更斯的名言，这是一个最好的时代，也是一个最坏的时代。没有行动力的人会在抱怨中沉沦，而能够适时而变、择时而动的人，则会在行动中获得新生。

对于普通人来说，要获得短视频平台顶流达人的收益，显然是一件很难的事，但如果看看下面笔者给出的几个普通人的账号，如图 1-1、图 1-2、图 1-3 所示，就会发现即便只有两三万粉丝，也有机会获得远超打工人的月收入。

图 1-1

图 1-2

图 1-3

什么是 DOU+

抖音或者快手这样的平台都有一个"流量池"的概念。以抖音为例,最小的流量池为 300 次播放,当这 300 次播放的完播率、点赞数和评论数达到要求后,才会将该视频放入 3000 次播放的流量池。

于是就有可能出现这样的情况,自己认为做得还不错的视频,播放量却始终上不去,抖音也不会再给这个视频提供流量。

此时可以花钱买流量,让更多的人看到自己的视频,这项花钱买流量的服务就是 DOU+,要做好短微创业,DOU+ 是必须要掌握的。

DOU+ 的 9 大功能

内容测试

有时花费了大量人力、物力制作的视频,发布后却只有几百的播放量。这时创作者会充满疑问,不清楚是因为视频内容不被接受,还是因为播放量不够,导致评论、点赞太少,甚至会怀疑自己的账号被限流了。此时可以通过投放 DOU+,花钱购买稳定的流量,并通过点赞、关注的转化率,来测试内容是否满足观众的口味。

选品测试

使用 DOU+ 进行选品测试的思路与进行内容测试的思路相似,都是通过稳定的播放量来获取目标观众的反馈。内容测试与选品测试的区别则在于关注的"反馈"不同。内容测试关注的是点赞、评论、关注数量的"反馈",而选品测试关注的则是收益的"反馈"。

带货推广

带货广告功能是 DOU+ 的主要功能之一,使用此功能可以在短时间内使带货视频获得巨量传播,此类广告视频的下方通常有广告两个字,如图 1-4 所示。

常用方法是,批量制作出风格与内容不同的若干条视频,同时进行付费推广,选出效果好的视频,再以较大金额对其进行付费推广。

图 1-4

助力直播带货

直播间有若干种流量来源，其中比较稳定的就是付费流量，只要通过 DOU+ 为直播间投放广告，就可以将直播间推送给目标受众。

在直播间场景设计与互动转化做好的前提下，就能够以较少的奖金量，获得源源不断的免费自然流量，从而获得很好的收益。

快速涨粉

对新手来说，涨粉并不是一件很容易的事儿。想快速涨粉，除了尽快提高自己的短视频制作水准，还有个更有效的方法，就是利用 DOU+ 买粉丝。

从图 1-5 所示的订单上面可以看出来，100 元投放涨粉 72 个，平均每个粉丝的成本约是 1.39 元。

图 1-5

为账号做冷启动

通过学习前面各个章节，相信各位读者都应该了解了账号标签的重要性。

对于新手账号来说，要通过不断发布优质视频，才能够使账号的标签不断精准，最终实现每次发布视频时，抖音都能够将其推送给创作者规划中的精准粉丝。

但这一过程，的确比较漫长。所以，如果新账号需要快速打上精准标签，可以使用 DOU+ 的投放相似达人功能，如图 1-6 所示。

图 1-6

利用付费流量撬动自然流量

通过为优质视频精准投放 DOU+，可以快速获得大量点赞与评论，而这些点赞与评论，可以提高视频的互动数据，当这数据达到推送至下一级流量池的标准时，则可以带来较大的自然流量。

为线下店面引流

如果投放 DOU+ 时，将目标选择为"按商圈"或"按附近区域"，则可以使指定区域的人看到视频，从而通过视频将目标客户精准引流到线下实体店。

获得潜在客户线索

对于蓝 V 账号，如果在投放 DOU+ 时，将目标选择为"线索量"，则可以通过精心设计的页面，引导潜在客户留下联系方式，然后通过一对一电话或微信沟通，来做成交转化。

在抖音中找到 DOU+

在开始投放之前，首先要找到 DOU+，并了解其基本投放模式。

从视频投放 DOU+

在观看视频时，点击界面右侧的 3 个点图标，如图 1-7 所示。

在打开的菜单中点击"上热门"图标，即可进入 DOU+ 投放页面，如图 1-8 所示。

图 1-7

图 1-8

从创作中心投放 DOU+

除上述方法外，还可以按下面的方法找到 DOU+ 投放页面。

（1）点击抖音 App 右下角"我"，点击右上角 3 条杠。

（2）选择"创作者服务中心"菜单命令。如果是企业蓝 V 账号，此处显示的是"企业服务中心"。

（3）点击"上热门"按钮，如图 1-9 所示。如果要投放带有购物车的视频，点击"小店随心推"按钮。

（4）在图 1-10 所示的广告投放页面，设置所需参数。

关于各个参数的含义及使用技巧，将会在后面的章节中一一讲解。

图 1-9

图 1-10

如何终止 DOU+

要立即终止投放的情况

在投放 DOU+ 后，对新手创作者来说，应每小时观测一次投放数据，如果投放数据非常不理想，在金额还没有完全消耗之前，都可以通过终止投放来挽回损失。

例如，对于图 1-11 所示的一个订单，金额消耗已经达到了 45.73 元，但是粉丝量只增长了 16 个，因此笔者立即终止了订单。

终止投放后如何退款

订单终止后，没有消耗的金额会在 4~48 小时，返回到创作者的 DOU+ 账户，可以在以后的订单中使用。

如果是用微信进行支付，可在微信钱包账单里看到退款金额，如图 1-12 所示。

单视频投放终止方法

只需要将投放视频设置成为"私密"状态，DOU+ 投放将立即停止。DOU+ 停止后，可以再次将视频设置成为公开可见状态。

批量视频投放终止方法

要终止批量投放 DOU+ 视频，可以直接联系 DOU+ 客服并提供订单号，由客服来快速终止。

注意，这里联系的是 DOU+ 客服，而不是抖音客服。

联系方式是在"上热门"的页面，点击右上角的小人图标进入"我的 DOU+"页面，如图 1-13 所示，然后点击右上角的客服小图标。

图 1-11

图 1-12

图 1-13

单视频投放和批量投放

当按前文所述"从视频投放 DOU+"的方法进入 DOU+ 投放页面时，可以看到有两种投放方式可供选择，即单视频投放及批量视频投放，下面分别讲解。

单视频投放 DOU+

单视频投放页面如图 1-14 所示，在此需要重点选择的是"投放目标""投放时长""把视频推荐给潜在兴趣用户"等选项。

这些选项的具体含义与选择思路，将会在后面的章节中一一讲解。

批量视频投放 DOU+

批量投放界面如图 1-15 所示，可以同时对 5 个视频进行 DOU+ 投放，此外，可以选择为其他账号投放 DOU+，除此之外，其他选项几乎完全相同。

两种投放方式的异同

单视频 DOU+ 投放的针对性明显更强。

批量 DOU+ 投放的优势则在于，当不知道哪个视频更有潜力时，可以通过较低金额的 DOU+ 投放进行检验。

此外，如果经营有矩阵账号，就可以非常方便地对其他账号内的视频进行广告投放。

另外，选择批量投放时，可以选择"直播加热"标签，通过投放提升直播间人气，如图 1-16 所示。

图 1-14

图 1-15

图 1-16

如何选择投放 DOU+ 的视频

选择哪一个视频

投放 DOU+ 的根本目的是撬动自然流量，所以正确的选择方式是择优投放。只有优质短视频才能通过 DOU+ 获得更高的播放量，从而使账号的粉丝量及带货数据得到提升。

这里有一个非常关键的问题，即短视频并不是创作者认为好，通过投放 DOU+ 就能够获得很好的播放量。同理，有些创作者可能并不看好的短视频通过投放 DOU+，反而有可能获得不错的播放量。这种“看走眼”挑错视频的情况，对于新手创作者来说尤其普遍。要解决这个问题，除了看播放、互动数据还有一个比较好的方法是使用批量投放工具，对 5 个视频进行测试，从而找到对平台来说是优质的短视频，然后进行单视频投放。如果对一次检测并不是很放心，还可以将第一次挑出来的优质视频与下一组 4 个视频，组成一个新的批量投放订单进行测试。

图 1-17 与图 1-18 所示为笔者分两次投放的订单，从中可以看出来两次批量投放都是同一个视频取得最高播放量，这意味着这个视频在下一次投放就应该成为重点。

加热素材	订单状态	消耗金额	播放量	点赞量	评
总计	投放完成	201	11,775	464	1
	投放完成	35.43	2,126	115	0
	投放完成	121.77	7,050	258	1
	投放完成	0	0	0	0
	投放完成	43.73	2,596	90	0
	投放完成	0.07	3	1	0

图 1-17

选择什么时间的视频

在通常情况下，应该选择发布时间在一周内，最好是在 3 天内的视频，因为这样的视频有抖音推送的自然流量，广告投放应该在视频尚且有自然流量的情况下进行，从而使两种流量相互叠加，但这并不意味着老的视频不值得投放 DOU+，只要视频质量好，没有自然流量的老视频，也比有自然流量的劣质视频投放效果好。

加热素材	订单状态	消耗金额	播放量	点赞量	评
总计	投放完成	201	12,890	402	1
	投放完成	151.59	9,885	283	0
	投放完成	0	0	0	0
	投放完成	0	0	0	0
	投放完成	49.35	2,999	119	1
	投放完成	0.06	6	0	0

图 1-18

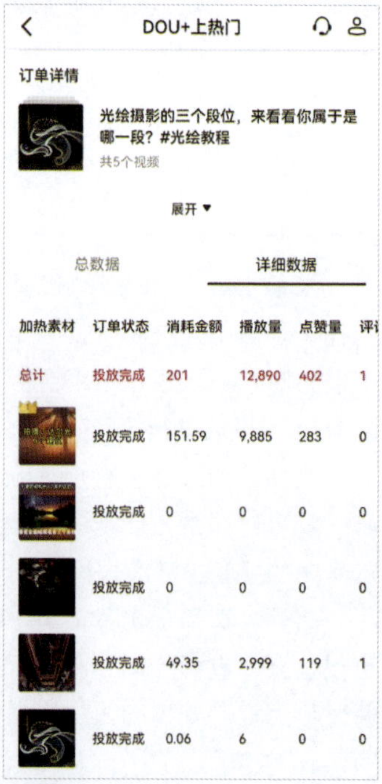

选择投放几次

如果 DOU+ 投放效果不错，预算允许的情况下，可以对短视频进行第二轮、第三轮的 DOU+ 投放，直至投放效果降低至投入产出平衡线以下。

选择什么时间投放

选择投放时间的思路，与选择发布视频的时间是一样的，都应该在自己的粉丝活跃时间里。以笔者运营的账号为例，发布的时间通常是周一到周五的晚上八九点、中午午休时间，周末的白天。

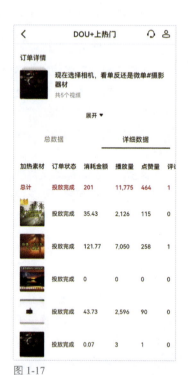

选择老视频进行投放的注意事项

投放目标受限

对于 90 天内的视频，可投放的目标如图 1-19 所示，可以看出可供选择的是 5 个选项。

如果选择的是 90 天前的视频进行投放，则选择"投放目标"选项如图 1-20 所示，可以看到在最下面有 DOU+ 的明确提示：当前视频超过 90 天，只允许投放部分转化目标。

图 1-19

图 1-20

可选视频受限

在做单视频投放时，可以选择 90 天前的老视频，但如果按批量投放，则只能够选择 3 个月内的视频。

图 1-21 所示为笔者做批量投放的页面，在视频底部可以看到"没有更多视频啦"的提示，上传日期至批量投放的日期刚好是 3 个月。

这意味着，对于优质的视频，要尽早尽快投放 DOU+，免得以后在投放时受到限制。

图 1-21

深入了解"投放目标"选项

在确定 DOU+ 投放视频后，接下来需要进行各项参数的详细设置。首先要考虑的就是"投放目标"。

"投放目标"选项分类

对于不同的视频，在"投放目标"选项中提供的选择绝大部分是相同的，都有主页浏览量、点赞评论量、粉丝量等选项，但根据视频内容的不同也还会有细微的区别。

例如，如果在发布视频的页面，选择了位置选项，那么在"投放目标"选项中就会出现"位置点击"选项，如图 1-22 所示。

如果短视频中包含"购物车"，那么在"投放目标"选项中就会出现"商品购买"选项，如图 1-23 所示。

如果在发布视频的页面，选择了具体商家店址选项，那么在"投放目标"选项中就会出现"门店曝光"选项，如图 1-24 所示。

这些投放目标选项，都非常容易理解，比如选择"位置点击"选项后，系统会将视频推送给链接位置附近的用户，以增加其点击位置链接，查看商户详细信息的概率。

当选择"主页浏览量"选项后，抖音会推送给喜欢在主页中选择不同视频浏览的人群。

当选择"点赞评论量"选项后，系统会将视频推送给那些喜欢浏览此类视频，并且会经常点赞或者评论的观众。

图 1-22

图 1-23

图 1-24

如何选择"投放目标"选项

根据账号当前的状态、投放的目的，在这里选择的选项也并不相同，下面一一分析。

商品购买

当选择推广的视频有购物车，且选择小店随心推后选择"商品购买"选项时，将打开相应的界面。此界面较为复杂，后面的章节将有详细讲解。

粉丝量

对于新手账号建议选择"粉丝量"选项。

一是通过不断增长的粉丝提高自己的信心，并让账号"门面"好看一些。

二是只有粉丝量增长到一定程度，自己的视频才有基础播放量。

主页浏览量

如果账号主页已经积累了很多优质内容，并且运营初期优质内容还没有完全体现其应有的价值，可以选择提高"主页浏览量"，让观众有机会发现该账号以前发布的优质内容，进一步成为账号的粉丝，或者进入账号的店铺产生购买。

点赞评论量

如果想让自己的视频被更多人看到，如制作的是带货视频，建议选择"点赞评论量"选项。这时有些朋友可能会有疑问，投 DOU+ 的播放量不是根据花钱多少决定的吗？为何还与选择哪一种"投放目标"有关？

不要忘记，在花钱买流量的同时，如果这条视频的点赞和评论数量够多，系统则会将该视频放入播放次数更多的流量池中。

例如，投了 100 元 DOU+，增加 5000 次播放，在这 5000 次播放中如果获得了几百次点赞或者几十条评论，那么系统就很有可能将这条视频放入下一级流量池，从而让播放量进一步增长。

对于带货类短视频，关键在于让更多的人看到，提高成交单数。至于看过视频的人会不会成为你的粉丝，其实并不重要。

"投放目标"与视频内容的关系

在投放 DOU+ 时，很多人会发现，不同的视频，其"投放目标"中的选项会有些区别。那么期望提升选项与视频内容有何关系？不同的"投放目标"选项又有何作用，下面将进行详细讲解。

常规的"投放目标"选项

在对任何视频投 DOU+ 时，点击"投放目标"，都会有"主页浏览量""点赞评论量"和"粉丝量"3 个选项。所以，这 3 个选项也被称为"投放目标"中的常规选项。

提高播放量选"点赞评论量"

如果想提高视频的播放量，让更多的观众看到这条短视频，那么投"点赞评论量"是最有用的。因为当点赞和评论数量提高后，视频很有可能进入到一个更大的流量池，从而让播放量进一步提高。

提高关注选"粉丝量"

在选择"粉丝量"后，系统会将视频推送给喜欢关注账号的观众，从而让视频创作者建立起粉丝群体，为将来的变现做好准备。

提高其他视频播放量选"主页浏览量"

如果已经发布了很多视频，并且绝大多数的浏览量都比较一般。此时就可以为爆款短视频投放"主页浏览量"DOU+，让更多的观众进入主页中，从而有机会看到账号中的其他视频，全面带动视频播放量。

"挂车"短视频与"商品购买"

所谓"挂车"短视频，其实是指包含"购物车链接"的短视频。只有在对此类短视频投放 DOU+ 时，点击"投放目标"才会出现"商品购买"选项，如图 1-25 所示。

图 1-25

"挂车"短视频的考核维度与常规短视频不同，常规短视频只看点赞和评论量来确定是否可以进入下一个流量池，而"挂车"短视频还要看购物车的点击次数。因此，提高"商品购买"也意味着可以提高视频中购物车链接的点击次数，从而间接提升视频进入下一个流量池的概率。

需要强调的是，在为"挂车"短视频投DOU+时，会进入"小店随心推"页面，这与上文介绍的，点击"DOU+小店"进入的是同一个页面。因此，即便没有开通"小店"，只要开通橱窗，并且在视频中加上"购物车"，也可以进行商品推广。

POI与"门店加热"

POI是Point of Interest的缩写，翻译成中文即"兴趣点"的意思。在几乎所有探店类短视频的左下角，都会看到门店的名称，其实就是添加的POI，如图1-26所示。点击之后，还能看到包括地址在内的该门店的详细信息，从而高效、快捷地为门店引流。

图 1-26

在为有POI组件的短视频投放DOU+时，在"投放目标"中就会出现"门店加热"选项。当选择该选项进行投放时，系统会将该视频推送给距门店6km范围内的观众，从而增加成功引流的概率。

逐渐边缘化的"位置点击"

当短视频中加入了"位置信息"时，就可以在"投放目标"中选择"位置点击"选项。

由于位置信息只是一个位置，并没有表明一个具体的门店或者旅游景点等，与"门店加热"相比，几乎起不到变现作用，因此是一个被边缘化的选项，如图1-27所示。

图 1-27

带有小程序的短视频与"小程序互动"

一些短视频的主要目的是推广界面左下角添加的小程序，如游戏类短视频，通过介绍游戏让观众产生兴趣，然后直接点击左下角就可以进入游戏，如图1-28所示。而视频创作者将通过该视频中小程序被点击的人次进行变现。

因此，当对该类视频投DOU+时，即可在"投放目标"中选择"小程序互动"选项，增加小程序点击量，提高推广效果，也可以在一定程度上增加游戏类内容创作者的收入，如图1-29所示。

图 1-28

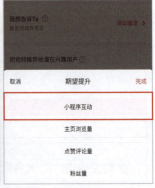

图 1-29

"投放时长"选项设置思路

了解起投金额

在"投放时长"选项中可选投放时间最短为 2 小时,最长为 30 天,如图 1-30、图 1-31 所示。

但选择不同的时间时,起投的金额也并不相同。

如果投放时长选择的是 2 小时至 3 天,则最低投放金额为 100 元。如果选择的是 4 天或 5 天,则起投金额为 300 元。

如果选择的是 6 天至 10 天,则每天起投金额上涨 60 元,即选择 10 天时,最低起投金额为 600 元。

从第 11 天开始,起投金额变化为 770 元,并每天上涨 70 元,直至 30 天时,最低投放金额上涨至 2100 元。

设置投放时间思路

选择投放时间的主要思路与广告投放目的与视频类型有很大关系。

例如,一条新闻类的视频,那么自然要在短时间内大面积推送,这样才能获得最佳的推广效果,所以要选择较短的时间。

如果所做的视频主要面向的是上班族,而他们刷抖音的时间集中在下午 5 ~ 7 点这段在公交或者地铁上的时间,或者是晚上 9 点以后这段睡前时间,那么就要考虑所设置的投放时长能否覆盖这些高流量时间段。

如果要投放的视频是带货视频,则要考虑大家的下单购买习惯,例如,对于宝妈来说,下午 2 点至 4 点、晚上 9 点后是宝宝睡觉的时间,也是宝妈集中采购时间,投放广告时则一定要覆盖这一时间段。

在通常情况下,笔者建议至少将投放时间选择为 24 小时,以便于广告投放系统将广告视频精准推送给目标人群。

时间设置短,流量不精准,广告真实获益也低,例如,图 1-32 所示为笔者投放的一个定时为 2 小时的订单,虽然播放量超出预期,但投放目标并没有达到。

图 1-30

图 1-31

图 1-32

如何确定潜在兴趣用户

"潜在兴趣用户"选项中包含 2 种模式，分别为系统智能推荐、自定义定向推荐。

系统智能推荐

若选择"系统智能推荐"选项，则系统会根据视频的画面、标题、字幕、账号标签等数据，查找并推送此视频给有可能对此视频感兴趣的用户，然后根据互动与观看数据反馈判断是否要进行更大规模的推送。

这一选项，适合于新手，以及使用其他方式粉丝增长缓慢的创作者。

选择此选项后，DOU+ 系统会根据"投放目标""投放时长"，以及"投放金额"，推测出一个预估转化数字，如图 1-33 所示，但此数据仅具有参考意义。

另外，如果没有升级 DOU+ 账号，则显示预计播放量提升数值，如图 1-34 所示。

如果视频质量较好，则最终获得的转化数据与播放数据，会比预计的数量高，图 1-35 与图 1-36 所示为两个订单，可以看出来最终获得的播放量均比预计数量高。

超出的这一部分可以简单理解为 DOU+ 对于优质视频的奖励。

这也印证了前文曾经讲过的，要选择优质视频投放 DOU+。

图 1-33

图 1-34

图 1-35

图 1-36

自定义定向推荐

如果创作者对于视频的目标观看人群有明确定义，可以选择"自定义定向推荐"选项，如图 1-37 所示，从而详细设置视频推送的目标人群类型。

其中包含对性别、年龄、地域和兴趣标签共 4 种细分设置，基本可以满足精确推送视频的需求。

以美妆类带货视频为例，如果希望通过 DOU+ 获得更高的收益，可以将"性别"设置为"女"；"年龄"设置在 18~30 岁（可多选）；"地域"设置为"全国"；"兴趣标签"可以设置"美妆""娱乐""服饰"等。

此外，如果视频所售产品价格较高，还可以将"地域"设置为一线大城市。

如果，对自己的粉丝有更充分的了解，知道他们经常去的一些地方，可以选择"按附近区域"进行投放。

例如，在图 1-38 所示的示例中，由于笔者投放的是高价格产品广告，因此，选择的是一些比较高端的消费场所，如北京的 SKP 商场附近、顺义别墅区的祥云小镇附近等。这里的区域不仅仅可以是当地的，也可以是全国范围的，而且可以添加的数量能够达到几十个，这样可以避免锁定区域过小，人群过小的问题。

通过限定性别、年龄、地域，则可以较为精准地锁定目标人群，但这里也需要注意，由于人群非常精准，意味着人数也会减少不少，此时，会出现在规定的投放时间内，预算无法全部花完的情况。

如果希望为自己的线下店面引流，也可以"按商圈"进行设置，或"按附近区域"设置半径为 10 千米，就可以让附近的 5000 个潜在客户，看到引流视频。

图 1-37

图 1-38

需要注意的是，增加限制条件后，流量的购买价格也会上升。

例如，所有选项均为"不限"，则 100 元可以获得 5000 次播放量，如图 1-39 所示。

而在限制"性别"和"年龄"后，100 元只能获得 4000 次左右播放量，如图 1-40 所示。

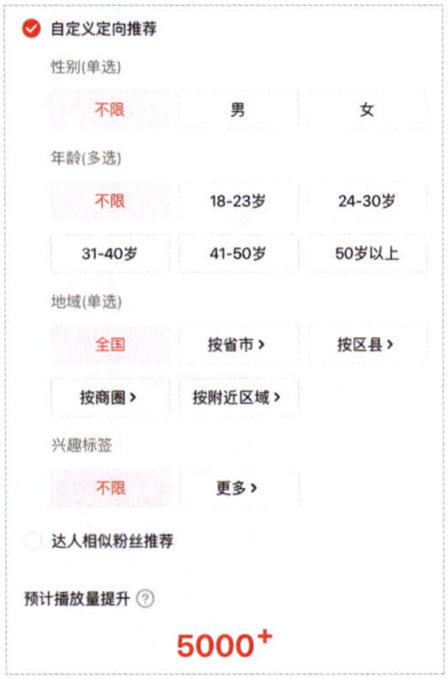

图 1-39

图 1-40

当对"兴趣标签"进行限制后，100 元就只能获得 2500 次播放量，如图 1-41 所示。

所以，为了获得最高性价比，如果只是为了涨粉，不建议做过多限制。

如果是为了销售产品，而且对产品潜在客户有充分了解，那么可以做各项限制，以追求更加精准地投放。

另外，读者也可以选择不同模式分别投 100 元，然后计算一下不同方式的回报率，即可确定最优设置。

包括 DOU+ 在内的抖音广告投放是一个相对专业的技能，因此许多公司会招聘专业的投手来负责广告投放。

投手的投放的经验与技巧，都是使用大量资金不断尝试、不断学习获得的，所以，薪资待遇也通常不低。

图 1-41

深入理解达人相似粉丝推荐选项

实际上是"达人相似粉丝"只是"自定义定向推荐"中的一个选项，如图 1-42 所示，但由于功能强大，且新手按此选项投放时容易出现问题，因此，单独进行讲解。

图 1-42

利用达人相似为新账号打标签

新手账号的一大成长障碍就是没有标签，但如果通过每天发视频，使账号标签逐渐精准起来，那么这个过程会比较漫长。

所以，可以借助投达人相似的方式为新账号快速打上标签。

只需要找到若干个与自己的账号赛道相同、变现方式相近、粉丝群体类似的账号，分批、分时间段，投放 500 元至 1000 元 DOU+，则可以快速使自己的账号标签精准起来。

同样道理，对于一个老账号，如果经营非常不理想，又由于种种原因不能放弃，则也可以按此方法强行纠正账号的标签，但代价会比新账号打标签大不少。

利用达人相似查找头部账号

达人相似粉丝推荐这一选项还有一个妙用，即可以通过该功能得知各个垂直领域的头部大号。

选择其中一些与自己视频内容接近的大号并关注他们，可以学到很多内容创作的方式和方法。

点击"更多"后，在图 1-43 所示的界面中点击"添加"，即可在列表中选择各个垂直领域，并在右侧出现该领域的达人。

图 1-43

利用达人相似精准推送视频

将自己创作的视频，推送给同类账号，从而快速获得精准粉丝或提升视频互动数据，是达人相似最重要的作用。

在选择达人时，除了选择官方推荐的账号，更主要的方式是输入达人账号名称进行搜索，从而找到在页面没有列出的达人，如图 1-44 所示。

并不是所有抖音账号都可以作为相似达人账号被选择，如果搜索不到，证明该账号的粉丝互动数据较差。

图 1-44

达人相似投放 4 大误区

依据粉丝数量判断误区

许多新手投放达人相似都会走入一个误区，以为选择的达人粉丝越多越好，这绝对是一大误区。

这里有 3 个问题，首先，不知道这个达人的粉是不是刷过来的，如果是刷过来的那投放效果就会大打折扣；其次，不知道这个达人的粉是否精准；最后，由于粉丝积累可能有一个长期的过程，那么以前的老粉丝没准兴趣已经发生了变化，虽然没取关，但兴趣点转移了。所以不能完全依据粉丝量来投达人，一定要找近期起号的相似达人。

在投之前，要查看达人账号最近有没有更新作品，如果更新了下面的评论是什么的，有些达人的评论是一堆互粉留言，这样的达人是肯定不可以对标投放的。

账号类型选择误区

新手在选择投放相似达人时，都会以为只能够找与自己赛道完全相同的达人进行投放，例如，做女装的找女装相似达人账号，做汽车的找汽车相似达人账号。

其实，这是一个误区。女装账号完全可以找美妆、亲子类达人账号做投放，因为关注女装、美妆、亲子类的账号的人群基本上相同。同样道理，做汽车账号完全可以寻找旅游、摄影、数码类达人账号进行投放，因为，关注这些账号的也基本是同一批人。

账号质量选择误区

新手投放达人相似时，通常会认为选择的相似达人账号越优质，投放效果越好。

但实际上恰恰相反，由于新手账号的质量通常低于优质同类账号，因此，除非新手账号特色十分鲜明，且无可替代。否则，关注同类优质大号的粉丝，不太可能愿意再关注一个内容一般的新手账号。

所以，选择相似达人账号时，应该选择与自己的账号质量相差不多，或者还不如自己的账号，从而通过 DOU+ 投放产生虹吸效应，将相似达人账号的粉丝吸引到自己的账号上来。

时间选择误区

如果仔细观察如图 1-45 所示的达人相似粉丝的选择页面，就会发现，上方有一排容易被新手忽略的小字，即"此视频会在 6 小时内出现在粉丝的推荐页面"，这里的 6 小时至关重要。

因为，投放 DOU+ 的时间如果不能覆盖目标粉丝活跃时间，那么，投放的效果就会大打折扣。所以，在投放前一定要做好时间规划。

另外，可以将投放时间设置为 24 小时，前 6 小时过去后，如果投放的效果没有达到令人满意的效果，可以直接中止投放。

图 1-45

利用账号速推涨粉

账号速推操作方法

账号速推是一种更直接的付费涨粉功能，开启方式如下所述。

（1）选择任一视频，点击右下角3个点，然后点击"上热门"按钮，如图1-46所示。

（2）点击图1-47所示页面右上方的账户管理小图标，显示如图1-48所示的页面。

图 1-46

图 1-47

（3）点击页面下方"投放管理"小图标，然后选择"投放工具"中的"账号速推"功能，如图1-49所示。

图 1-48

图 1-49

（4）在投放金额选择金额，此时就会显示预计涨粉量，如图1-50所示。

（5）点击"切换为高级版"，可以修改粉丝出价，以及粉丝筛选条件，如图1-51所示。出价最低设置是0.8元。

图 1-50　　　　　　　图 1-51

不同粉丝出价区别

在前面的操作中，有一个非常关键的参数即"单个粉丝出价"，很明显在总金额不变的情况下出价越高获得的粉丝越少，所以创作者可以尝试填写最低出价。

例如，在图1-52所示的推广订单中，笔者设置的是出价为1元/个，推广结束后获得100个粉丝。

在图1-53所示的推广订单中出价为0.8元/个，推广结束后获得128个粉丝，充分证明了最低出价的可行性。

需要指出的是，在竞争激烈的领域，较低的出价有在指定推广时间内，费用无法完全消耗，涨粉低于预期的可能性。

图 1-52

图 1-53

查看推广成果

如果需要查看某一个账号速推订单的具体数据，可以通过进入前面曾经讲过的"投放管理"页面，再点击此订单。

例如，点击涨粉量旁边的三角，可以看到本次推广到底新增了哪些粉丝，如图1-54所示。

在页面下方的互动数据和持续收益中，可以看到具体的点赞量，播放量，分享量，评论量和主页浏览量，如图1-55所示，便于创作者对每一个订单进行数据化分析。

图 1-54

图 1-55

账号速推与视频付费涨粉的区别

使用账号速推与选择视频上热门，并将投放目标选择为"粉丝量"，虽然都可以涨粉，但两者之间还是有区别的。

简单来说，前者的涨粉有确定性，而后者是不确定的。

同样都是100元的广告投放费用，使用账号速推所获得的粉丝最大值是确定的，如果没有调整最低出价，最多获得100个粉丝。

通过将投放目标选择为"粉丝量"，抖音给定的是播放量，在给定的播放量中，创作者有可能获得的粉丝高于100，也可能低于100。

通过图1-56所示的4个广告投放案例可以看出来，同样都是100元，其中最低的一单只获得了65个粉丝，最高的一单获得了371个粉丝，所以这种投放方式与视频质量投放的时间有很大的关系，对于新手来说是一个挑战。

图 1-56

DOU+ 小店随心推广告投放

DOU+ 小店随心推与 DOU+ 上热门属于 DOU+ 广告投放体系，两者的区别是，当选择投放 DOU+ 的视频有购物车，则显示 DOU+ 小店随心推，如图 1-57 所示，否则，显示 DOU+ 上热门。

图 1-57

DOU+ 小店的优化目标

"DOU+ 小店随心推"页面与前面介绍的"DOU+ 上热门"投放界面区别在于"投放目标"选项改为"优化目标"选项，并且在该选项中增加了"商品购买"选项，如图 1-58 所示。

图 1-58

选择该选项后，系统会将该视频向更可能产生购买的观众推送。在选择"商品购买"优化目标后，界面下方会相应地变更为预计产生购买的数量，如图 1-59 所示。

需要注意的是，虽然优化目标选择"商品购买"选项可以增加成交量，实打实地增加收益，但如果视频的播放量较低，证明宣传效果较差，所以建议"商品购买"和"粉丝提升""点赞评论"混合投放，从而在促进成交的同时，进一步增加宣传效果。

图 1-59

达人相似粉丝推荐

"达人相似粉丝推荐"是"DOU+ 小店随心推"与"DOU+ 上热门"的第二个重要区别。

在"DOU+ 上热门"页面中"达人相似粉丝推荐"选项是被包含在"自定义定向推荐"内的。

在"DOU+ 小店随心推"界面中，"达人相似粉丝推荐"是一个单独选项，如图 1-60 所示，因此达人相似粉丝无法与性别、年龄、地域、爱好等选项相互配合使用。

推广效果

选择"DOU+ 小店随心推"时，页面会显示预计下单量，但这个数值没有太多参数价值，笔者投放过数次，没有任何一次数值与预付数值相近。

另外，由于这是一条带货视频，因此，即便考核播放量也与没有带货的视频有一定差距，因此，不能指望通过投放"DOU+ 小店随心推"带来大量粉丝。

图 1-60

DOU+ 投放管理

无论投放的是"DOU+ 小店随心推"还是"DOU+ 上热门"都可以按下面的方法进入管理中心，以对既往投放的订单，以及当前投放的订单进行管理，包括中止当前订单、查看既往订单的数据、投放新广告等。

先点击抖音 App 右下角"我"，再点击右上角 3 条杠，最后点击"创作者服务中心"（企业用户点击"企业服务中心"），进入图 1-61 所示的页面。

图 1-61

点击"上热门"图标进入"DOU+ 上热门"页面，点击下方中间的"投放管理"即可进入管理中心。

在"投放工具"区域，可以选择"批量投放""直播托管""账号速推""素材管理""数据授权"等功能，如图 1-62 所示。

在"我的订单"区域，可以找到既往已经投放过的订单及正在进行中的订单，如图 1-63 所示。

图 1-62

图 1-63

点击"小店随心推"图标进入"DOU+ 小店随心推"管理中心，在这个页面中可以直接点击红色的"去推广"按钮，针对某一个视频进行推广，如图 1-64 所示。

在页面下方通过点击"发票中心"开推方发票，点击"运营学院"学习关于广告投放的课程，订单问题可以点击"帮助与客服"进行咨询，也可以在"我的视频订单"区域查看到所有订单，如图 1-65 所示。

图 1-64

图 1-65

用 DOU+ 推广直播

　　直播间的流量来源有若干种，其中最稳定的流量来源就是通过 DOU+ 推广获得的付费流量。下面讲解具体操作方法。

用"DOU+ 上热门"推广直播间

　　"上热门"图标进入"DOU+ 上热门"页面。在此页面的"我想要"区域，选择"直播间推广"图标，如图 1-66 所示。

　　在"更想获得什么"区域，可以从"直播间人气""直播间涨粉""观众打赏""观众互动"4 个选项中选择一个。在此，建议新手主播选择"观众互动"，因为，只有直播间的互动率提高了，才有可能利用付费的 DOU+ 流量来带动免费的自然流量。如果选择"直播间人气"，有可能出现人气比较高，但由于新手主播控场能力较弱，无法承接较高人气，导致付费流量快速进入直播间，然后，快速撤出直播间的情况。

　　在"选择推广直播间的方式"区域，有 2 个选项可以选择。

　　如果选择"直接加热直播间"，则 DOU+ 会将直播间加入推广流，这意味着目标粉丝在刷直播间时，有可能会直接刷到创作者正在推广的直播间，此时，如果直播间的场景美观程度高，则粉丝有可能在直播间停留，否则，则会划向下一个直播间。

　　如果选择"选择视频加热直播间"，则 DOU+ 会推广在下方选中的一条视频，这种推广与前面曾经讲解过的 DOU+ 推广视频没有区别。当这条视频被粉丝刷到时，会看到头像上的"直播"字样，如图 1-67 所示，如果视频足够吸引人，粉丝就会通过点击头像，进入直播间。

　　在"我想选择的套餐是？"区域，可以点击"切换至自定义推广"，获得更多关于推广设置的参数，如图 1-68 所示，这些参数前面讲解过，在此不再赘述。

图 1-66

图 1-67

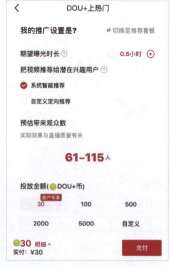

图 1-68

用"DOU+ 小店随心推"推广直播间

点击"小店随心推"图标进入"DOU+ 小店随心推"管理中心，如图 1-69 所示。点击"直播推广"按钮，在"更多推广"页面，选择要推广的直播间右侧的"去推广"按钮，进入如图所示的直播推广详细设置页面。

从设置可以看出来，虽然，同样是推广直播间，但用"DOU+ 小店随心推"推广直播间与用"DOU+ 上热门"推广直播间选项不太相同，这可能是由于这两项功能是由两个部门分别设计的原因。

在此页面的"直播间优化目标"选项与用"DOU+ 上热门"页面中的"更想获得什么"区域中的"直播间人气""直播间涨粉""观众打赏""观众互动"四个选项基本相似，其中，

进入直播间 = 直播间人气

粉丝提升 = 直播间涨粉

评论 = 观众互动

但如果直播间更追求售卖商品，则用"DOU+ 小店随心推"推广直播间中的"商品点击""下单""成交"无疑更直接有效，因此，秀场类直播间，建议用"DOU+ 上热门"推广，而卖场类直播间建议用"DOU+ 小店随心推"推广。

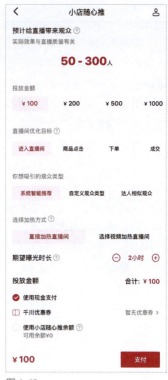

图 1-69

在"你想吸引的观众类型"区域，可以选择一个选项，以精准推广直播间，这 3 个选项与使用"DOU+ 上热门"推广直播间时在"我想选择的套餐是？"区域点击"切换至自定义推广"，获得的参数设置基本相同。

如果对自己的直播间内容比较有信心，建议选择"达人相似观众"，在图 1-70 所示的界面中选择对标达人，并在"选择互动行为"区域，选择"观看过直播""种草过商品"选项，以获得更好的推广效果。

在"选择加热方式"区域，可以选择的选项虽然与用"DOU+ 上热门"推广直播页面的选项相同，但不同之处在于，在此仅可以选择一种加热方式，而如果使用"DOU+ 上热门"推广直播，可以同时选择两个选项，这一点值得主播注意，并区别使用。

图 1-70

在"期望曝光时长"区域，可以选择 0.5 小时至 24 小时，一般来说，投放的时长应该比直播时间长半小时，并提前半小时投放，以获得提前审核。

另外，即使提前推广直播，投放的金额也只会在开播后消耗，所以，不用担心金额花费到了不当的地方。

直播托管

使用直播托管功能，可以实现开播自动推广直播间的效果，这对于每次直播都需要依靠付费推广，获得一定流量的直播间来说能提高工作效率。

下面是具体步骤。

（1）先点击抖音 App 右下角"我"，再点击右上角 3 条杠，然后点击"创作者服务中心"（企业用户点击"企业服务中心"），最后点击"上热门"图标。

（2）点击下方的"投放管理"图标，进入如图 1-71 所示页面，点击"直播托管"图标。

（3）在图 1-72 所示的页面点击"立即添加"按钮。

（4）在图 1-73 所示的"添加规则"页面，设置各个参数，并点击"确定"按钮。

（5）按同样方法添加多个规则。对于矩阵化运营的 MCN 机构，可以添加不同直播账号，做统一管理，如图 1-74 所示。

（6）如果在直播时需要某一个规则生效，则可以关闭其他规则，如图 1-75 所示。

图 1-71

图 1-72

图 1-73

图 1-74

图 1-75

新号投 DOU+ 小心这 5 个坑

无论是否完整学习过 DOU+ 投放理论，许多新手也都或多或少地了解 DOU+ 的作用，因此，有相当一部分人，会在焦虑与着急的心理影响下，开始投放 DOU+。

但事实证明多数新手往往会踩中以下 5 个坑中的一个或多个。

主页内容误区

投放 DOU+ 前，一定要确保主页里有 30 条以上垂直优质视频，再投 DOU+。

否则，即便视频上热门，用户到主页一看，并没有发现多少有分量的东西，也不会关注。

所以，要明白 DOU+ 是锦上添花，不是雪中送炭。

投放智能推荐误区

一个新号由于没有历史数据，因此，即便在 DOU+ 选项里选择"智能推荐"，效果也并不好。因为，抖音只能依靠视频的字幕、标题、画面来判断，视频应该推送给哪一类人群，这种推测会浪费付费的 DOU+ 推荐流量。

投放点评与评论误区

新号的首要任务是做粉丝量，所以，一定要投粉丝量，而且越精准越好。

投放相似达人误区

除非新手账号的内容比相似达人更优质，否则那些相似达人对新手账号就是降维打击，关注了更优质相似达人的粉丝不可能再关注新手账号。

所以，一定要投品质不如自己的相似达人，将这些对标账号的粉丝吸引到自己的账号上来。

投放带货视频误区

一个新手账号由于粉丝不高、点赞数量不多，因此，"气场"上是比较弱的。

在这种情况下投放带购物车的视频，只会给粉丝一个"急功近利"的印象。

这并不是说，投放带购物车的视频完全没有作用，只是相比较而言，相同的费用投放在干货视频上，性价比、投入产出比会更高一些。

无法投 DOU+ 的 8 个原因

很多朋友会遇到投放 DOU+ 的视频无法通过审核的情况。虽然官方会给出视频没有通过审核的原因，但这个原因往往模糊不清，导致很多用户不知道自己的视频不能投 DOU+ 的原因究竟在哪里，也不知道从哪些方面进行修改，如图 1-76 所示。

笔者根据自身几千次 DOU+ 投放经验，总结出了以下 8 种可能会导致审核不通过的情况。

视频质量差

视频内容不完整、画面模糊、破坏景物正常比例、3 秒及 3 秒以下的视频、观看后让人

图 1-76

感到极度不适的视频，这些都是"质量差的视频"，也就不会允许其投放 DOU+。

非原创视频

如果所发布的视频是从其他平台上搬运过来的，非原创的，也不会通过审核。其判定方法通常为：视频中有其他平台水印、视频中的 ID 与上传者的 ID 不一致、账号被打上"搬运好"标签、录屏视频等。

视频内容负面

如果视频内容传递了一种非正向的价值观，并且含有软色情、暴力等会引起观众不适的画面，同样不会通过审核。

隐性风险

当视频内容涉嫌欺诈，或者是标题党（标题与视频内容明显不符），以及出现广告、医疗养生、珠宝、保险销售等内容时，将很难通过审核。

广告营销

视频内容中含有明显的品牌定帧、品牌词字幕、品牌水印和口播等，甚至是视频背景中出现的品牌词都将无法通过审核。

未授权明星 / 影视 / 赛事类视频

尤其是一些刚刚上映的影视剧，一旦在非授权的情况下利用这些素材，将大概率无法通过审核。

视频购物车商品异常

如果视频中的商品购物车链接无法打开，或者商品的链接名称中包含违规信息，均无法通过审核。

视频标题和描述异常

视频标题和描述不能出现以下信息，否则将无法使用 DOU+。

① 联系方式：电话、微信号、QQ 号、二维码、微信公众号和地址等。

② 招揽信息：标题招揽、视频口播招揽、视频海报或传单招揽、价格信息和标题产品功效介绍等。

③ 曝光商标：品牌定帧、商业字幕和非官方入库商业贴纸等。

不同阶段账号的 DOU+ 投放策略

处于不同阶段的账号，需要解决的问题和决定未来发展速度的关键点不同，所以投放策略也不同。笔者按粉丝数量，将抖音账号分为 4 个阶段，分别是一千粉丝以下、一万粉丝以下、十万粉丝以下和百万粉丝以下。

千粉级别账号重在明确粉丝画像

千粉以下的抖音账号处于起步阶段，该阶段的重点在于知道哪些观众喜欢自己的视频。而通过 DOU+ 智能投放，则可以加速粉丝画像的形成，为之后的精准 DOU+ 投放打下基础。同时，在该阶段还需要为账号打上标签。因为没有标签的账号，流量不精准，非常不利于之后的发展，所以此时发布的视频要高度垂直，如图 1-77 所示。

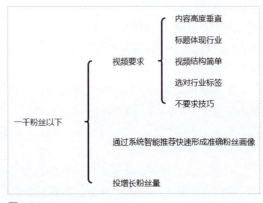

图 1-77

万粉级别账号重在获得精准流量

当粉丝达到千粉以上后，已经形成了相对准确的粉丝画像，就可以有针对性地选择"达人相似投放"，进而获得精准的，确定对自己所处领域感兴趣人群的流量，实现粉丝量进一步突破，如图 1-78 所示。

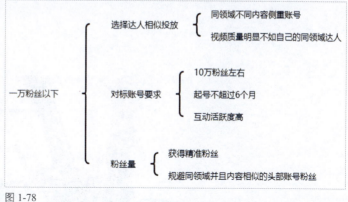

图 1-78

十万粉级别账号重在撬动自然流量

当粉丝破万后，即有了一定的粉丝基础，同时自然流量的精准性也会较高。接下来就可以利用 DOU+ 来撬动庞大的自然流量池，打造爆款视频。并利用爆款视频带来的巨大流量，持续涨粉，如图 1-79 所示。

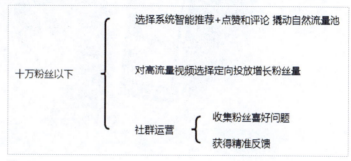

图 1-79

百万粉级别账号重在拦截新号流量

突破 10 万粉丝的账号已经进入账号成长的后期了，可以利用积累的人气，对新号进行降维打击。选择粉丝增长势头较猛的新号进行"达人相似"投放，充分发挥已有优势，如图 1-80 所示。

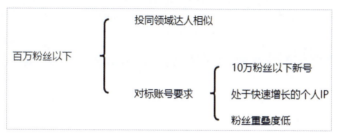

图 1-80

第 2 章

直播带货微创业实操
及 22 个对标学习账号

搭建直播间的硬件准备

一个直播间主要由 6 部分组成，分别为直播设备、采集卡、收声设备、灯光设备、网络设备和房间布置。

直播设备

目前主流的直播方式有两种，一种是使用手机进行直播，另一种是使用相机进行直播。

使用手机直播

为了保证直播质量，建议使用后置摄像头进行直播，但这样操作就会导致主播无法在使用一台手机的情况下，既能进行直播，又能同时看到直播效果和观众的评论。

这里有一个小技巧，就是在桌面摆一面镜子，并将手机用支架固定后，将后置摄像头对准镜子，如图 2-1 所示，即可实现既用后置摄像头直播，又可以通过该手机看到直播效果的目的。

使用相机直播

如果想获得更好的直播画质，可以用单反或微单进行直播。但与此同时，还需要以下两个设备。

（1）一台电脑。相机拍摄的画面需要实时传输到电脑中，然后通过电脑再传输到直播平台。

（2）采集卡。相机拍摄到的画面需要通过"采集卡"才能实时传输到电脑中。

所以，使用相机直播虽然画质更优，但与此同时，搭建直播间的成本也会更高。

图 2-1

采集卡

正如上文所述，采集卡的作用是为了在使用相机直播时，将相机拍摄的画面实时传输到电脑上，但当对不同画质的内容进行采集时，需要的采集卡性能也有所区别。

在采集卡参数中，最为重要的一项即为"输出画质"，也就是采集卡对视频信息进行采集后，可以输出的最高画质。

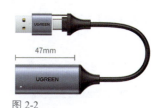

图 2-2

一般体积较小、价格较低的采集卡，如图 2-2 所示，绿联价值 99 元的产品，虽然可以输入 4K/60Hz 内容，但却只能输出 1080P/30Hz 内容。而图 2-3 所示的绿联另一款价值 599 元的采集卡，其可以输出 4K/60Hz 的内容。同时，其具备的更多接口也让视频和音频采集有更多选择。另外，更高价格的采集卡往往具备更低的延时，防止直接通过电脑进行采音时出现音画不同步的现象。

图 2-3

5 种常见的收声设备

根据直播环境及对声音质量的要求不同，有不同的收声设备可供选择。

高性价比的带麦耳机

如果直接用手机自带的话筒进行收声，会出现大量的杂音。获得相对较优的声音最简单的方法就是插上带麦耳机后进行收声，如图 2-4 所示，可以在一定程度上提高音质并防止出现杂音。

图 2-4

室内常用的电容麦克风

如果在室内直播，并且希望获得更高的音质，那么电容麦克风是比带麦耳机更优的选择，如图 2-5 所示。需要注意的是，有些麦克风只能连接声卡使用，如果不打算购买声卡，则要在购买时注意区分。

室外常用的动圈麦克风

动圈麦克风的特点是浑厚、饱满、抗噪性强，因此适合高噪声的场所，如室外直播、室外演讲等。

图 2-5

便携的"小蜜蜂"

"小蜜蜂"麦克风又被称为无线领夹麦克风。其特点在于麦克风本身的体积非常小，可以隐藏在领子下，或者直接放在桌面上，用其他道具简单遮盖下即可。

"小蜜蜂"麦克风分为接收端和发射端两部分，如图 2-6 所示。其中发射端与麦克风相连接，通常会别在主播的腰间，而接收端则与手机或者电脑连接。

图 2-6

提供更高音质的声卡

如果想获得更有质感的声音，配备一块声卡是必不可少的。根据直播设备的不同，选择购买与手机相连的还是与电脑相连的声卡。而声卡的另一端，则与麦克风连接，如图 2-7 所示。

图 2-7

3 种常见的灯光设备

灯光设备与直播画质息息相关。如果一个直播间内的光线充足，那么即便是用手机拍摄，也可以实现高清晰度的直播。所以在预算不足，无法既购买灯光又购买相机直播的相关设备，那么建议优先购买灯光设备。

环境灯

即便是使用专业单反或微单进行直播，在仅仅使用室内常规灯光的情况下，也很难实现优质的直播画面，而当借用自然光进行直播时，又会引起画面色彩及明暗的变化。所以，负责打亮整体环境的灯光就显得尤为重要，而此类灯光就被称为"环境灯"。

"环境灯"通常以影室内亮灯来实现，如图 2-8 所示。通过柔和的光线让整个场景明亮起来，不会产生浓重的阴影。同时为了让光线尽可能柔和，柔光箱必不可少，还可以让光线打在屋顶或者墙壁上，利用反光来增加室内亮度。

图 2-8

主灯

如果整个环境足够明亮，并且主播面部光线均匀，那么其实只要有环境灯就足够了。

但对于一些对面部有较高要求的直播，如美妆类直播，则建议增加主灯，让主播的面部表现更细腻。

主灯建议选择如图 2-9 所示的球形灯。因为球形灯可以让主播的受光更均匀，起到美颜的效果。另外，球形灯的显色度也不错，可以让产品的色彩在直播中真实表现出来。

另外，环形灯也是主灯不错的选择之一。其光线质量虽然不及球形灯，但性价比较高。如果觉得一支环形灯放在正前方很晃眼，可以购买两支，放在左右两侧，同样可以打造出非常均匀的光线。

图 2-9

辅助灯

辅助灯在直播间主要起到点缀作用。例如，在背景中营造一些色彩对比，让直播间更有科幻感，或者通过小灯串为直播间营造温暖、浪漫的氛围等。

辅助灯通常使用 RGB 补光灯来实现，可以手动调节多种不同的色彩，营造不同的氛围，如图 2-10 所示。

图 2-10

3 种直播间布置方法

房间布置并没有什么硬性要求，只要整体看上去简洁、干净即可。当然，也可以布置一个充满个性的直播间，如放很多手办、毛绒玩具等。下面介绍 3 种常见的直播间搭建方式。

通用型直播间布置

相信很多人都是在家中进行直播，这就会导致有多余的景物出现在画面中。其实只需要购买一块儿灰色的背景布挂在身后，图 2-11 所示，就可以解决所有问题。

为什么不是白色背景布而是灰色的呢？主要是因为白色背景布反光太强。再加上很多朋友不懂如何布置灯光，就会导致背景很亮、人脸很暗的情况发生。用灰色背景布就不会有这个问题，即便是只使用室内的灯光，也可以让人物从背景中凸显出来。而且灰色的背景也不容易让观众产生视觉疲劳，是一种简单又通用的直播间布置方法。

图 2-11

主题直播间布置

为了让观众更有代入感，可以让直播间的布置与内容更匹配。例如，图 2-12 所示的茶艺直播，就是通过古色古香的展架和其上的摆件，以及一颗绿植来营造古朴氛围，继而与"茶艺"的悠久历史相匹配，让观众更容易投入到该直播中。

虚拟直播间布置

虚拟直播间是目前最火爆的布置方式，其关键就是一块绿幕，如图 2-13 所示。

将绿幕作为画面背景通过直播软件对绿幕进行抠图，并将指定的图片或者视频合成到画面中，从而实现动态的、可快速更换不同背景的虚拟直播间。图 2-14 所示的直播间背景就是通过绿幕和直播软件共同实现的。

另外，如果想在直播过程中更方便地更换背景视频或者图片，还可以配置一个如图 2-15 所示的蓝牙键盘，并设置更换画面的热键，即可一键切换背景。

图 2-12

图 2-13

图 2-14

图 2-15

不同价位直播间设备推荐

1 万元直播间设备推荐

预算	方案	类目	设备	用途/优势	总体优势评估
1万元	手机直播方案（7500元）	摄像设备	iPhone X以上		优点：手机直播便捷、随时随地都能开播 缺点：手机直播续航能力差，容易发烫卡顿，追焦能力差，网络要求高，景别受限，无法实现抠像换背景
		摄像配件	倍思手机直播支架补光灯三脚架		
		灯光设备	神牛SL60W双灯套装【单球款】		
		收音设备	RODE罗德VideoMicro麦克风【VideoMicro+苹果连接线+Type-C线】		
	直播一体机方案（8500元）	摄像设备	天创恒达TC810	配件齐全，自带美颜	优点：直播一体机自带美白美颜、磨皮瘦身功能，可实现多机位画中画，具备12倍变焦 缺点：直播一体机画面没有质感，容易出现频繁跑焦，需要搭配电脑开播
		灯光设备	神牛SL60W双灯套装【单球款】		

2 万元直播间设备推荐

预算	方案	类目	设备	用途/优势	总体评估
2万元	相机套餐25000元	摄像相机	松下gh5、索尼a6400、佳能90D		相对于1万预算的优势：相机宽容度视觉效果更好，画面更锐、更清晰 缺点：相机画幅小，画面裁切大，成像景别小，25mm的镜头最终成像为50mm镜头的效果
		相机镜头	24~70mm F2.8镜头	能够拍摄多景别	
			百微微距镜头	适用于对产品进行近拍	
		摄像配件	圆刚（AVerMedia）GC553高清USBhdmi4K视频采集卡		
			相机电源适配器加电池	相机自身电池供电不足以支撑长时间直播，这个可以满足相机实时供电	
			百诺BV6专业摄像脚架套装动平衡阻尼可调双管液压云台（升级款）	结构紧实坚固，平衡性好，不易碰倒	
			溯途摄像机竖拍L板		
		灯光设备	神牛SL150WII（八角柔光箱+灯架）*3	100%光照度大，能保证直播间亮度	
		收音设备	无线领夹小蜜蜂（一拖一）	声音清晰，待机时间长，信号稳定	

选择合适的直播间场景

直播间场景风格，对直播数据的影响是毋庸置疑的，许多主播很奇怪自己的直播间为什么总是留不住人，一个很重要的原因就是直播间观感欠佳，下面分析 6 种抖音中常见的直播间，各位读者可以根据自己的定位选择合适的直播间。

绿幕/投影影棚直播场景

绿幕/投影影棚场景广泛应用于多个行业，通过绿幕抠图投影播放图片或视频的方式，在主播后方展现商品详情、价格等信息，罗永浩的直播间就是非常典型的绿幕类直播间。

绿幕抠像整体成本低，装修风格更加自如，但如果要灵活运用需要一定的技术水准。

在直播讲解时，商品的详情、价格及数量，通过背景可以简单直观地呈现出来，直播间画面干净整洁，如图 2-16 所示。

可以根据不同的商品，通过调整背景大屏的主色调来进行匹配。

可以在直播间差异化显示各类装饰元素，如 618、双十一等为促销图像。

其缺点是直播间的空间感、立体感不足。

工厂、仓库直播场景

直播间安排在工厂、仓库中，主播身边或身后为生产流水线/仓库，或者展现生产过程，主播在画外进行商品的相关讲解，可参考"好奇旗舰店""好用哥""三味斋蛋黄肉粽""佩兰诗精选护肤""名膜壹号眼膜专场直播"等直播间。

在工厂仓库里直播的最大优点在于，可以让粉丝直观感受到价格低廉的原因是"没有中间商赚差价"，而不是价低质量次。

如果在直播时，工厂整体观感干净整洁，后方工作人员忙碌不停，就更容易使粉丝感受到品牌的实力，再配上主播的情绪渲染，强调限时的话术，则可以直接调动粉丝的购买需求，如图 2-17 所示。

直播时的画面建议采用双机位，一个机位用广角展示工厂、仓库，另一个机位采用特写表现商品细节。

店铺直播场景

店铺直播场景即主播在商家自有店铺或他人的店铺中进行直播，或通过逛店等形式进行移动直播，商品在画面中直观展现，随逛随拿，给人客观真实的感觉，可以参考"C 总严选""C 姐豪横""三只松鼠官方旗舰店"等直播间。

图 2-16

图 2-17

在直播时，可以利用店铺内排列整齐的货架，强化商品的视觉冲击力。

如果销售的是某些品牌商品，那么可以通过直播间展示的商品专柜或店面来强调商品的实力。

无论真假，直播时一定要确保店铺中有川流不息的顾客，有店员与顾客正常沟通交流，才可以提高商品的可信度。

注意直播时，要确定镜头展现的店铺部分是比较整洁、高档、灯光明亮的部分，从而提升直播间观感。

室内生活场景直播场景

这是最常见的一类直播间，特别适合于新手起号。直播时根据产品选择厨房、卧室、客厅、衣帽间、书房等生活气浓厚的室内，可参考"小小 101""海天云海海鲜""萱 Ciarlsy"等直播间，如图 2-18 所示。

图 2-18

这些直播场景由于非常生活化，因此更容易拉近主播与观众的距离，观众更容易被主播打动。另外，对于销售生活类用品的直播间，可以通过真实展示商品实际使用方法，增加商品的可信度。

户外场景直播场景

在直播竞争日益白热化的当下，户外直播也变得越来越丰富多样，湖边、田间、街边、店面、养殖场、种植园、网红打卡景观、雪山上等，几乎是有网的地方都有各型各色的直播间，如图 2-19 所示。

户外直播的优点在于能够让粉丝产生耳目一新的感觉，另外，由于户外直播有偶发性因素，因此也给了直播带来了意想不到的乐趣。

户外直播的缺点在于有不可控的因素，如手机没电、天气骤变、路人干扰等，都有可能成为直播中断的原因。

小型舞台直播场景

较大的服装品牌或颜值才艺主播通常会采用小型舞台直播间，通过直播间中搭建的舞台或 T 台秀，展示大件商品、服装的上身效果，或全方位展示主播的舞蹈、唱歌才艺，可参考"张皮皮玖黛衣官方旗舰店""大狼狗郑建鹏 & 言真夫妇"等直播间。

这类直播间投入较高，有时甚至配备由多人组成的氛围组，从而将直播间打造成一个小型嘉年华现场，以调动观众的情绪。

图 2-19

使用手机直播的操作方法

如果对直播画质及画面设计要求不是非常高，以上配件准备好后即可开始直播。开播的基本操作如下。

（1）进入个人主页，点击界面右上角▤图标，如图 2-20 所示。

（2）点击"创作者服务中心"，如图 2-21 所示。

（3）点击"全部分类"选项，如图 2-22 所示。

图 2-20

图 2-21

图 2-22

（4）点击界面下方"开始直播"选项，如图 2-23 所示。

（5）点击"开启位置"选项，设置为"显示位置"，可在一定程度上增加流量，如图 2-24 所示。

（6）点击"选择直播内容"选项，此处以"民族舞"为例，如图 2-25 所示。

图 2-23

图 2-24

图 2-25

使用电脑直播的操作方法

使用一部手机虽然也能直播，但由于功能有限，而且直播稳定性时常会出现问题，所以在有条件的情况下，笔者建议使用电脑进行直播。

让拍摄的画面在电脑上显示

使用电脑进行直播首先要做的是将直播画面投屏到电脑上。而当使用相机或者手机进行直播时，其采集画面到电脑中的方法有一定区别。

让相机拍摄的画面在电脑上显示

如果使用单反或者微单进行直播，就需要使用采集卡将相机信号采集至 OBS 或直播伴侣等直播软件。如果购买的是索尼 A7M4 等新型号相机，就可以直接使用 USB 线向电脑软件传输相机信心，能省一小笔开支。

将相机或者手机拍摄到的画面传输到计算机上后，就可以利用抖音官方直播软件"直播伴侣"进行直播了。

虽然也有一些好用的第三方直播软件，如 OBS，但其与抖音配套的相关功能，如福袋玩法及实时观众显示等比较是有所欠缺的。所以，如果在抖音直播，那么建议使用如图 2-26 所示的"直播伴侣"。

图 2-26

将手机拍摄的画面投屏到电脑

当使用手机进行直播时，需要将手机画面投屏到电脑上，再通过直播软件识别投屏窗口即可。如果希望获得高质量的投屏效果，用图 26 所示的采集器同样可以实现。如果对投屏效果要求不是很高，则可以适当节省些预算，通过手机自带的投屏功能，或者是第三方投屏软件进行投屏即可，如 ApowerMirror，如图 2-27 所示。

需要强调的是，无论使用手机自带软件还是第三方软件均可实现手机无线投屏至电脑，但在笔者的实际操作中发现，无线投屏会偶尔出现卡顿的情况，所以这里建议各位采用有线投屏的方式。

图 2-27

了解直播间的 6 大流量来源

只有了解了直播间流量的来源，才能有针对性地对直播的各个环节进行改进，从而吸引更多的观众进入直播间。

短视频引流至直播间

对于抖音而言，由于该平台以短视频为主，所以直播间的大部分观众其实都是来抖音看短视频的。所以，想让直播间火爆，就要想办法通过短视频将观众引流到直播间。

因为抖音官方也明白直播间的主要流量来源于短视频，所以一旦开播，账号所发布的短视频就会有"正在直播"的鲜明提示。为了增强短视频引流的效果，往往会专门制作"引流短视频"。

直播间预热短视频

直播预热短视频应至少在开播前 3 小时发布，主要内容是介绍直播的开始时间，以及直播的核心亮点，以此来吸引观众，让观众在开播时进入直播间，使直播的预热环节可以顺利开展。

例如，图 2-28 所示为肯德基官方号投放的直播预热短视频，并在其中着重强调了开播时间。

这种方式与电视台中为某个节目播放预告是一样的效果，可以通过简短的画面进行信息的快速扩散，让更多的人知道直播信息。知道的人越多，直播间的人数就有可能越多。

图 2-28

花絮短视频引流

花絮短视频也被称为"切片短视频"，是指在直播过程中，从另外一个角度拍摄的现场视频，并在拍摄完成后第一时间进行发布，从而利用该短视频的流量为直播间进行引流。

为了起到连续、不间断的引流效果，建议每半小时就发布一条花絮短视频。

由于花絮短视频对时效性的要求很高，所以无论是拍摄还是后期都要尽快完成。为了防止在实际操作时手忙脚乱，可以先根据直播计划，安排好对哪个环节进行拍摄，包括后期加入哪些提高引流效果的文字，也可以在前期想好，从而"保质又保量"，如图 2-29 所示。

图 2-29

直播推荐流量

我们每发布一条短视频，通过审核后，抖音就会为其分发基础流量，在 100~500 不等，这个是短视频的推荐流量，也叫自然流量。对于直播而言，一旦开播，抖音同样会对直播间进行审核、打分，然后分发流量。这个流量就是"直播推荐流量"，也被称为直播间的自然流量。"短视频引流"和"直播推荐流量"组成了直播流量的重要来源。

直播推荐流量的高低主要取决于进入直播间的观众人数、直播间观众停留的时长、观众互动这 3 个指标。当这 3 个指标满足要求后，抖音会给该直播间分发更多的推荐流量。因此，几乎所有与直播相关的设计，如直播间的布置、直播环节（包括直播话术、选品）等，其宗旨就是为了吸引观众进入直播间，并让观众在直播间停留更长时间，以及让观众乐于与主播互动，进而让抖音不断为直播间分发推荐流量，从而成为一个火爆的直播间。

例如，图 2-30 所示的高人气直播间，靠投 DOU+ 是无法实现同时在直播间 1 万多人的。直播间本身的内容必须足够优秀，让观众有足够的停留时长和积极的互动，才能在直播推荐流量不断增加的情况下，实现直播间人数的积累。

图 2-30

直播广场流量

直播广场流量与以上两种流量相比就要差很多了。因为只有当特意向左滑动屏幕，或者点击直播间右上方的"更多直播"时，+ 才会弹出直播广场，如图 2-31 所示。

直播广场中的内容是根据观众以往常看的直播类型进行推荐的，并且被显示在"前排"的往往是人气较高的直播间。

因此，想在直播广场中获得流量的前提是要有人气。有人气的前提是"短视频引流"和"直播推荐流量"足够。所以，从某种角度来说，直播广场的流量属于"短视频流量"和"直播推荐流量"比较高的情况下的附属品，想单独通过直播广场来有效提高直播间的流量是不现实的。

图 2-31

同城流量

抖音直播没有"同城直播"页面。但在短视频界面，却可以浏览同城短视频。因此，直播的"同城流量"与"同城短视频"的流量是密不可分的。当观众在浏览同城短视频时，如果该账号正好在直播，那么就很有可能被引流至直播间。

同城流量对于有实体店的直播间而言非常重要。因为同城流量被吸引到线下实体店变现的概率要比非同城流量高很多。因此，为了尽可能多地吸引同城流量，该直播间账号在发布短视频时，务必添加实体店地址，最好是 POI 地址，从而直接显示店铺名称和位置，进一步提高转化的概率。

当此类短视频流量增长后，就有机会上榜，如图 2-32 所示的"吃喝玩乐榜"。一旦上榜，无论是短视频还是直播间，包括线下转化，都会实现高速增长。

官方活动流量

抖音官方会不定期举办直播活动，如果该活动与直播间所属领域相符，则建议积极参加。因为凡是参与活动的直播间，多少会获得一些流量支持。一旦直播效果不错，获得的"直播推荐流量"也会更多。

另外，如果一个直播间经常参加抖音活动，会有助于提高权重，并被判定为活跃账号。那么与其他不参加抖音活动的直播间相比，初始的"直播推荐流量"就会更多一些。总之，跟着官方走是不会错的。

如果你还不知道抖音直播活动在哪里找，可以关注"抖音直播活动"官方账号，第一时间获取活动信息，如图 2-33 所示。

个人账号和关注页流量

之所以将"个人账号"和"关注页流量"放在一起进行介绍，是因为这两部分直播间流量属于私域流量，而前面介绍的均属于公域流量。

既然是私域流量，就只有对账号进行关注的粉丝或者进入主页的观众才有机会得到直播"通知"，并进入直播间。比如，在个人简介中可以看到对直播时间的介绍，如图 2-34 所示或者在开播后会弹出的开播提醒，以及在"关注页"中可以看到正在直播的账号等。

图 2-32

图 2-33

图 2-34

开始一场直播前的准备工作

确定直播的 4 个基本信息

商品准备好之后，就要确定直播的基本信息，如直播的时间、预计的直播时长、直播平台的选择等。只有确定了这些基本情况，才能有针对性地准备接下来的内容。

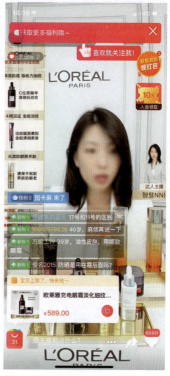

图 2-35

直播时间

对于新手而言，不建议在黄金时段（如晚8点左右）进行直播。因为该时间段的竞争压力太大了，很多带货大 V 都是在此时间段直播，作为新手带货主播很难吸引到观众观看。

因此，建议在上午或者中午进行直播，此时主播较少，竞争压力较小，更容易被观众发现。例如，一些上班族在中午休息时也有可能会刷一刷直播，逐步积累起人气和粉丝。

直播时长

直播时长要根据准备的货品数量或个人的工作状态来确定。在保持良好状态的情况下，一般直播 4 ~ 5 个小时是没有问题的。直播时间越长，货品的曝光率也就越高。

需要强调的是，直播带货与大多数内容类直播不同。即便只卖一件商品，也可以直播几个小时，并不是说一定要不断地更换商品。

因为进入直播间的观众是为了了解产品，而不是看表演，所以流动性非常强，他们咨询完心仪的产品后可能就退出直播间了。有观众提问题就回答问题，没有问题就介绍一下产品，与观众进行互动，如图 2-35 所示，所以带货主播不用太担心直播内容匮乏的问题。

确定产品优势

在直播前总结一下产品有哪几个优势非常有必要。因为在直播时大部分时间都是在反复强调产品的这些优势，从而激发观众的购买欲。

准备销售语言

产品的优势只有通过销售语言表现出来观众才会更愿意买单。比如，在介绍某种烤鱼食品时，某主播曾经营造出一个场景：当你想吃烤鱼，但楼下餐馆已经关门时，撕开一包，加点水就能吃到像餐馆中那样香的烤鱼。

通过这个场景既表达出了烤鱼食品很方便且很美味，又让观众产生很强的画面感，从而提高观众完成购买的可能性。

熟悉直播活动的 6 大环节

如果是直播带货，那么在进行具体的直播脚本撰写前，要先安排好不同时间段的内容。例如，不同的产品什么时候介绍；粉丝活动在哪个环节加入；是否要加入经验分享或者是某种技能的教学等。只有提前策划好这些内容，才能对各个内容进行更细致的准备。

当然，直播带货的流程并不是固定的。优秀的、应变能力强的主播可以根据观众的反应及直播间的热度灵活调整内容。但对于刚刚开始直播的新人而言，按照流程走，最起码可以保证一场直播完整、顺利地进行下来。

热场互动

热场互动就好像表演的"开场"，只有让观众的情绪高昂起来，才有利于后面活动的开展及产品的转化。

具体来说，在热场互动环节，为了吸引观众的注意力，会快速介绍直播间的特点，比如，"咱们家是做品牌折扣的衣服，商场几百米（元）的衣服，在咱这里只有几十米（元），那今晚来到直播间的各位宝宝，福利更大。"那么对直播间内容感兴趣的观众就大概率会留下。

接下来，就要将福利直接抛出来，而福利也是让观众更有热情的最有效的方法和手段。在介绍福利的同时，也不要忘记强调"大家下手要快""买到就是赚到""抢完就再也没有了"之类让大家有紧迫感，感觉不抢就亏了的话术。

第一组主打商品

在观众被福利调动起积极性后，千万不要立刻就送福利。因为如果在开场就把福利送出去了，很多观众今晚就不会再进入你的直播间了。

正确的做法是，介绍完福利后，开始上第一组商品，如图 2-36 所示。并且要强调，"上完这组商品就给大家发福利"，即使部分观众会在这时离开直播间，但其中肯定会有心里惦记着福利，从而出现过一会儿就进直播间看一眼的观众存在。这部分观众因为多次进入直播间，万一对主播介绍的商品感兴趣，就有可能停留，大大提高转化为粉丝或者促成订单转化的几率，所以也是一部分重要流量。

福利发放的方式有很多种，如秒杀、抽奖、红包，或者通过一些让观众更有参与感的活动来实现福利发放。图 2-37 所示即为"美的官方直播间"进行的"秒杀"活动。观众点击右下角弹出的图片，即可快速参与到活动中。既给了观众实惠，又可以有效提升直播间热度。

福利发放

第一波主打商品介绍完之后，就要开始福利发放了，否则会让观众反感，这对于直播间口碑及粉丝、订单转化都没有帮助。

图 2-36　　　　　　图 2-37

第二组主打商品或干货分享

福利发放环节会让直播间的互动大幅提高，随之而来的还有涌入直播间的更多观众。所以，在内容安排上，要把最看好的、最有机会卖成爆款的商品放在第二组，从而让好产品获得更多的曝光。

需要强调的是，对于新直播间而言，积累粉丝可能会比订单转化更重要，所以此时也可以不上商品，而是做干货分享。例如，美妆主播，就可以介绍下美妆技巧，以此赢得观众的好感，大大提高粉丝转化。

接下来就可以进行带货—福利或活动的循环。当然，一共多少组商品，多少组活动或福利，分别安排在哪一时间段进行是需要提前安排好的。

结束直播并进行下一场直播预告

当所有商品和准备的福利、活动按计划完成后，即可结束当天的直播。同时，要对下一场直播的时间、活动及主推产品进行简单介绍。

值得一提的是，下一场直播的时间务必多重复几遍，从而充分利用该场直播的流量，为下一场直播做宣传。

当以上流程均确定后，即可制作出类似图2-38所示的表格。按照该表格，进行接下来详细的直播脚本设计。

直播复盘及数据分析

"直播"虽已结束，但主播及团队依然不能休息。要趁着刚刚直播完，对过程中的细节、直播效果还有清晰记忆时进行复盘，发现、总结当场直播中出现的问题，并从观众的角度找到话术上及福利或活动流程上的欠缺。

通过数据分析可以直观地了解直播效果，并通过较差的数据分析出亟待提高的流程和环节。

4 小时直播安排							
XX 直播间（首次关注主播领取 10 元无门槛优惠券）每 5 分钟飘屏一次							
直播时间 15:50-18:00；19:00-21:05（4 个小时）							
主题（护肤小常识让你回归自然皮肤）							
时间段	主讲人	内容	目的	商品介绍	时段销售指标	时段在线人数	备注
15:50-15:55	XX	预告今天内容及优惠活动	热场子	全部	0	0	
15:55-16:05	XX	无门槛当天使用券抽取 2 名	活跃气氛	无	0	100	
16:05-16:20	XX	补水小窍门讲解	引入产品	XX 套盒	0	200	
16:20-16:50	XX	代入补水产品进行讲解	讲解产品	XX 套盒	500	400	
16:50-17:00	XX	直播奖品抽取并引导转发	裂变	无	0	600	
17:00-17:15	XX	控油小窍门讲解	引入产品	YY 套盒	0	600	
17:15-17:45	XX	代入控油产品进行讲解	讲解产品	Y 套盒	500	800	
17:45-18:00	XX	预告晚上直播内容	铺垫	全部产品	1000	1000	利用晚上活动促销
19:00-19:05	XX	预告今晚主要讲解内容及优惠活动	热场子	剩余产品	0	200	
19:05-19:15	XX	无门槛当天使用优惠券抽取 2 名	活跃气氛	无	0	400	下单购买的朋友可以参加
19:15-19:30	XX	敏感肌小知识讲解敏感肌产品讲解	引入产品	XXX 套盒	0	600	
19:30-20:00	XX	直播奖品抽取并引导转发	讲解产品	XXX 套盒	500	800	
20:00-20:10	XX	祛痘小知识讲解	裂变	无	0	1000	
20:10-20:25	XX	祛痘小知识讲解	引入产品	YY 套盒	0	1200	
20:25-20:55	XX	祛痘产品讲解	讲解产品	YY 套盒	800	1400	
20:55-21:05	XX	免单抽奖或明日预告	促单	无	1000	1400	

图 2-38

直播脚本要包括的 4 部分内容与结构

直播脚本是做一些大品牌直播或者对自己有更高要求的带货主播的必做功课，也是对直播内容进行精细安排的一种方法，可以将其理解为"直播的剧本"。

直播脚本分为单品脚本和整场脚本。顾名思义，单品脚本是指对单一商品的直播内容进行梳理，而整场脚本则是对整个直播时间内的各个环节进行细节设计。下面将分别介绍单品脚本和整场脚本中应该包含的内容。

单品脚本中应包含的 4 部分内容

1. 产品的卖点和利益点

明确产品的核心竞争力在哪里，并且在直播过程中多次强调，突出商品的实用性。图 2-39 所示为美的官方直播间在介绍一款双开门冰箱的产品，并在介绍过程中多次强调其空间大、性价比高的特点。

2. 视觉化的表达

直白地去介绍一件产品多么好、多么实用是非常苍白的。营造一个使用场景，就可以让观众产生画面感，更有利于宣传商品。那么具体营造一个什么样的场景，则是在单品脚本中需要写明的。

3. 品牌介绍

品牌是一件商品质量的保证。如果可以的话，向厂家了解一些有利于销售的数据，例如，一个月卖出了多少件，使用了什么先进的技术去制作，获得过哪些认证或者大奖等，让观众对这件商品产生信赖感。

图 2-39

4. 引导传化

这部分内容主要用来打破观众的最后一道心理防线，所采取的形式也比较多样。可以采用饥饿营销的方式，例如，限量100 件，每件 99 元，之后恢复 135 元一件，然后在直播间倒数"5、4、3、2、1，抢！"让观众来不及理性思考需不需要买，只需感觉合适可能就真的抢购了，而具体采用什么形式完成最后的引导转化，则应该在单品脚本中有所体现。

整场脚本的基本结构

一场直播不仅有对产品的介绍，还需要进行热场、不同环节的衔接，以及活动或者福利的玩法介绍等，这些内容都应该提前在脚本中提前准备好。

对于刚开始直播的主播而言，最好是将语言完整地撰写在脚本上；对于经验丰富，可以熟练掌握直播话术的主播而言，则可以在脚本中只简单撰写大致内容，然后在直播过程中自由发挥即可。例如，下文就是刚入行的主播在一场抖音创业直播中，提前撰写好的开场话术。

"亲爱的宝贝们，走过路过不要擦肩错过，我是 ** ！

这是在抖音直播间创业的第 X 天时间，刚刚开播两分钟的时间，如果大家也希望通过直播创富，不妨听听 XXX 的介绍，时间不长，作用不小，我用一根烟的工夫，一首歌的时间，给您介绍一下我们项目，也许就能改变你的财富观，帮助你在抖音上获得收入。"

而对于有着丰富直播经验的主播而言，还需要准备好类似下文的脚本结构。

（1）打招呼、热场。

（2）第 1 ~ 5 分钟，近景直播。

（3）第 5 ~ 10 分钟，剧透今日新款和主推款。

（4）第 10 ~ 20 分钟，将今天的所有商品全部快速过一遍。

（5）半个小时后正式进入产品逐个推荐。

（6）离结束还有 2 小时，做呼声较高产品的返场推荐。

（7）离结束还有 30 分钟，完整演绎爆款购买路径，教粉丝领取优惠券并完成购买。

（8）离结束还有 10 分钟，预告明天的新款。

（9）最后 1 分钟，强调关注主播、明天的开播时间及相关福利。

直播效果调试

直播前需要做的最后一项准备工作，即为效果调试。如果是首播，那么调试工作必不可少，因为很大概率在调试时会发生之前没有考虑到的问题。

建议在每次直播前都进行一次试播，这样才能尽可能地确保正式直播时万无一失，如图 2-40 所示。

直播调试的主要目的是检查是否存在以下几个问题。

（1）直播画面是否流畅、清晰，网络是否稳定。

（2）画面亮度、色彩是否正常，能否正确还原产品本身的色彩。

（3）直播声音是否清晰，是否有噪声。

（4）取景范围内是否有杂物，或者一些不该在直播画面中出现的景物。

（5）直播过程中能否清晰地看到观众的留言。

（6）推荐的产品能否在画面中被清晰、完整地展现。

图 2-40

让直播间火爆的 4 种秒杀玩法

点赞秒杀

所谓"点赞秒杀"，即主播为了在短时间内快速增加点赞量，而承诺观众点赞数达到多少后即进行商品秒杀。如果主播想快速增加点赞量，就可以说："宝贝们，现在还差 1 万点赞到 40 万，大家点一点手机屏幕，到 40 万就给大家上秒杀。"

通过"秒杀"的诱惑，不仅可以快速获得点赞，还能够增加观众的停留时长。因为在直播间有一定人数基础的情况下，增加 1 万点赞也许就是几分钟的时间。所以大部分观众都会在直播间等到点赞到 40 万参加秒杀活动。主播还可以给"秒杀"活动设置预热时间，如果设置 15 分钟预热时间，就很有可能吸引部分观众的停留时间达到 20 分钟以上。

整点秒杀

"整点秒杀"会提前告知观众秒杀开始时间，虽然这可能导致有些观众离开直播间，等到秒杀开始前再回来，不利于直播间停留时间的增加，但却可以确保某一具体时间点的流量一定是相对较高的。选择这种秒杀方式配合一些重点产品的推广非常有效。

比如，根据直播安排，9 点将推出一款主打商品，那么就可以在 9 点的时候，进行一场整点秒杀。当然，为了防止大家秒杀完就离开直播间的情况出现，可以采用"憋单"的方式。也就是在 9 点钟左右，流量明显上来之后，说

一下："想要秒杀的宝宝们不要急，给大家说完这款商品就上秒杀链接，大家不要着急。"

限量秒杀

虽然所有的秒杀活动会限制秒杀商品数量，但"限量秒杀"的重点是虽然强调"数量有限"，实则大量出货。当然，秒杀的商品可以不挣钱，但至少不能赔钱。另外，靠着超低的物流成本，也许还能赚些差价。

在话术上，要强调"抢到就是赚到，限量秒杀，手快有，手慢无，如此重磅活动只在今天，能不能抢到看各位手速了，5、4、3、2、1，开抢！"

总之，要让观众有紧迫感，但又巧妙地不说具体多少货，从而快速拉高订单成交量，赚取抖音的流量。

关注秒杀

关注秒杀与点赞秒杀有些相似，只不过前者重在提升粉丝数量，而后者重在提升点赞数。提升粉丝数可以让今后的直播有更多的流量，而提升点赞数则可以让本场直播有更多流量。

需要注意的是，关注秒杀适合粉丝数在 1 万以下的新直播间进行。因为只有当粉丝数在 1 万以下，点击直播间头像后，才会在界面下方看到具体的粉丝人数，这样秒杀活动才足够透明。否则，肯定会有观众怀疑活动的真实性，而一旦有观众"带节奏"，就会严重影响活动效果。

秒杀链接的设置方法

前面已经提到，所有秒杀玩法，归根结底都是限时或限量以低价售卖商品。既然要"售卖商品"，必然需要"上链接"。因为"秒杀"玩法属于一种促销活动，所以"秒杀"的链接有更多可以进行灵活设置的选项，下面介绍具体设置方法。

（1）在百度搜索"抖音小店后台"，点击图 2-41 所示的超链接。

（2）登录后，点击界面上方的"营销中心"选项，如图 2-42 所示。

（3）点击左侧导航栏"营销工具"中的"限时限量购"选项，如图 2-43 所示。

图 2-41

图 2-42

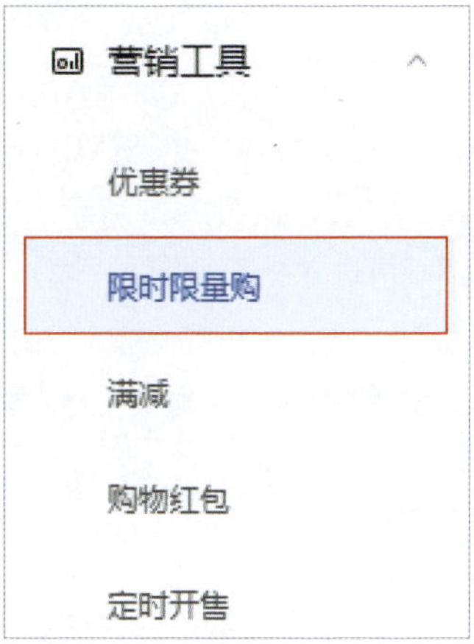

图 2-43

（4）点击界面中的"立即新建"按钮，如图 2-44 所示。

（5）按需求对秒杀活动进行基础设置，如图 2-45 所示。

图 2-44

图 2-45

（6）若将"活动时间"设置为"按开始结束时间设置"，即可自动在指定时间段开启并结束秒杀。若设置为"按时间段选择"，即可在创建后立即开始秒杀或秒杀预热，如图2-46所示。当秒杀商品的库存为0，或秒杀到时后，秒杀均将停止，如图2-47所示。

图 2-46

图 2-47

（7）若将"是否预热"设置为"预热"，则需要设置预热持续时长，如图2-48所示。当秒杀开始后，先进入预热阶段，然后再进入秒杀。

图 2-48

（8）优惠方式建议设置为"一口价"，让秒杀活动带给观众的实惠简洁明了，观众参与秒杀的热情也会更加高涨。

（9）点击界面下方的"添加商品"选项，即可选择用来秒杀的商品，如图2-49所示。

（10）输入秒杀价格和秒杀商品数量，以及每人限购数量。其中秒杀价格不能高于商品原价，秒杀商品数量不能高于商品库存，如图2-50所示。

需要注意的是，商品的原价和秒杀价均会在秒杀界面显示，所以务必保证其有明显的价格差，否则观众会认为活动诚意不足。

图 2-49

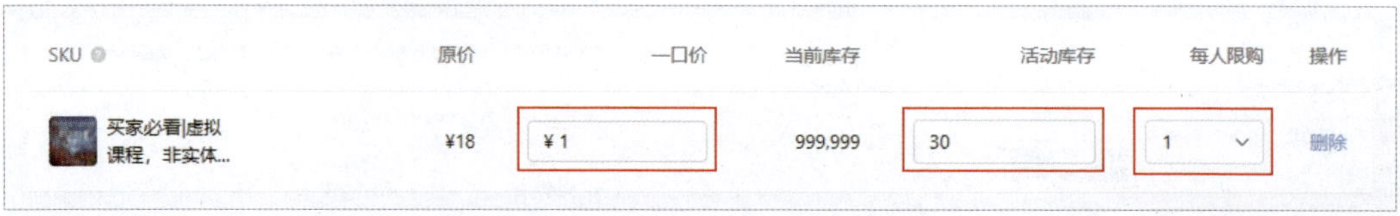

图 2-50

3 种观众不会拒绝的抽奖玩法

秒杀玩法，终归还得需要观众花钱去买东西，所以一些很理性的观众，当看到秒杀的商品自己并不需要时，就不会参与。而抽奖玩法则不同，因为没有参与的门槛，一旦中奖就是白赚，没有中奖也不会有任何损失，所以几乎不会有人拒绝，活动的热度是一定有保障的。

当然，缺点就是，搞抽奖活动，主播不仅无法从中获取金钱上的收益，还势必需要投入。但是，投入换回的，则是较高的流量。

红包抽奖玩法

红包抽奖玩法的特点

抖音直播间自带红包抽奖功能，其中机制与微信红包"拼手气"相同。当在直播间内发放一个红包后，先点击的指定数量的观众会获得红包，但金额则是随机的，从而产生"抽奖"的效果。

如果只是单纯地发个红包给观众作为福利，其性价比会显得比较低。建议在发红包前10分钟，提前预告一下，这样就可以将大部分在这10分钟内进入直播间的观众留住。

例如，"为了感谢家人们对我的支持，今天就实打实地给大家福利，咱们直接发红包。10分钟之后，发500元红包，50份，看各位手气！"然后在旁边可以立个小牌，写着"XX时间，直播间发500元红包"，让进来的观众一眼就能看到。

红包抽奖的操作方法

在直播间发红包的具体方法如下。

（1）开播后点击界面右下角的 ▪▪▪ 图标，如图 2-51 所示。

（2）点击界面下方的"礼物"选项，如图 2-52 所示。

（3）向右滑动，即可找到"红包"选项，如图 2-53 所示。

（4）点击"红包"选项后，选择"抖币红包"选项卡，如图 2-54 所示。之所以不建议选择"礼物红包"，是因为该红包随机开出的是各种礼物，而礼物终归还是要刷给主播才具有价值，所以会显得主播这个红包没有诚意。而"抖币"毕竟是可以提现的，所以相当于直接给观众发真金白银，观众也更乐于去抢这种红包，同时会大大拉近主播与观众间的距离，提高粉丝转化，增加粉丝黏性。

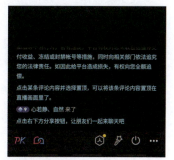

图 2-51

图 2-54

图 2-52

图 2-53

福袋抽奖玩法

福袋抽奖玩法与红包抽奖玩法的区别主要在于，每个福袋的金额是相同的，而且谁能得到福袋是随机的，不是"拼手速"。同时，由于福袋玩法是专门给主播提供的发福利的方式，所以其设置要比"红包"更丰富，玩法也更多样。

利用福袋获得超多互动

由于参与福袋玩法需要满足一定的条件，不同的条件有不同的效果，其中最常见的就是"口令福袋"。

当将"参与方式"设置为口令参与后，只有在直播间发送指定口令，才能参与福袋抽奖。这种玩法可以促使几乎所有直播间的观众都发言进行互动，进而通过提高互动率来获得更多的流量。

同时，因为口令是主播设置的，所以还能够通过口令内容，让刚进入直播间的观众一眼就知道接下来要推出什么商品，或者有什么重磅活动。例如，将口令内容设置为"双十一特惠单品十点开抢"，如图 2-55 所示。

图 2-55

利用福袋增加粉丝数量

若选择发送"粉丝团福袋"，则只有加入粉丝团的观众才能参与抽奖，如图 2-56 所示。这样做有两个作用，对于已经是粉丝团成员的观众而言，可以增加粉丝黏性，让他们觉得"这个主播真宠粉"；对于还没有加入粉丝团的观众而言，则会促使他们加入粉丝团，从而参与这次福袋抽奖。

利用福袋提高观众停留时长

福袋可以设置"倒计时"，如果设置为"倒计时"5 分钟，即在 5 分钟后才会开启福袋。这就使得那些想要福袋的观众，会在直播间停留这 5 分钟。即便不停留，也会在福袋将要开启时，再次进入直播间，同样会增加其在直播间观看的时间。图 2-56 所示，即设置"倒计时"后，还有 1 分 8 秒开启福袋。

图 2-56

福袋抽奖的操作方法

在直播间发起福袋抽奖的具体方法如下。

（1）开播后点击界面下方的 图标，如图 2-57 所示。

（2）点击"福袋"选项，如图 2-58 所示。

（3）对福袋抽奖进行设置后，点击"发起福袋"按钮即可，如图 2-59 所示。

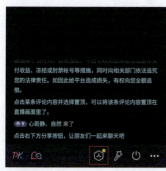

图 2-57 　　　　　　　　　图 2-58 　　　　　　　　　图 2-59

截图＋问答抽奖玩法

自从抖音有了福袋抽奖玩法后，截图抽奖玩法使用的频率就比较少了，主要是因为相比手动截图抽奖，福袋自动抽奖更便捷，也更透明。如果要结合问答玩法进行福利发放，那么依旧只有截图抽奖能够实现。

让观众更有参与感和成就感

截图＋问答抽奖玩法的价值在于可以让观众更有参与感。因为无论是红包抽奖还是福袋抽奖，观众都不需要动脑子，只需点一下屏幕，或者按主播要求发送一段口令就可以了。这种过于简单的"游戏"虽然给了观众福利，但却很难让观众有"参与其中"的感觉，所以在提高直播间吸引力、提高粉丝黏性方面也就有所欠缺。

而截图＋问答抽奖玩法，活动的方式是"问答"，抽奖的方式是"截图"。通过问答这种方式会令观众在参与活动时更紧张，在正确回答问题并且通过截图中奖后，其成就感要比红包抽奖和福袋抽奖高得多，也就会对直播间产生更强的依赖性。因为同样的感受在其他直播间是很难获得的。

截图＋问答抽奖的操作方法

截图＋问答抽奖的操作方法如下。

（1）主播先向观众介绍清楚活动方法，例如，"提出问题后，给观众10秒回答问题的时间。时间一到，截屏并取屏幕中留言的前3名作为获奖观众。"

（2）提出一个问题，例如，"主播明天几点开播"。

（3）倒计时10秒结束时截屏，并将截屏画面给观众看，公布获奖人员。

（4）让获奖观众私信主播领取奖品。

需要强调的是，如果想让这种玩法更刺激，可以修改规则为"最先正确回答"的几名观众获奖。但劣势就是其问题答案的宣传效果就变弱了。因为那些第一时间不知道答案的观众，肯定不会继续作答进行互动了。

大幅提高停留时长的技巧——憋单

在做新号时，因为直播间没有口碑，没有人气，很难长时间留住观众。无法留住观众，自然很难让观众产生购买产品的冲动，而为了度过"起号"这一困难阶段，憋单就是一种很好的方式。

在介绍憋单之前需要强调的是，一些人认为抖音官方是禁止"憋单"的，但其实禁止的是"恶意"憋单。也就是说，抖音承认憋单是一种正常的提高停留时长的做法，但对于一些"过分的"，例如，超过 20 分钟的"长时间"憋单，并且上库存数量特别少，比如只上一个库存。这种做法就属于恶意憋单，或被停播，甚至封号惩罚。

而以下内容所讲的"憋单"，其实是一种向观众提供福利的方法，并且会将憋单时间控制在 5 分钟以内，上库存数量也要保证高于当前直播间人数的 1/10，从而防止被举报。

认识何为"憋单"

所谓"憋单"，其实就是选择一款非常具有吸引力的商品，设置一个较低的价格，并不定时地以"上库存"的方式进行售卖，进而吸引观众停留在直播间，等待抢购。

在"憋单"的过程中，还不能忘记通过一些话术让观众积极互动，以此提高直播间权重，获得更多流量。同时，要控制好库存数量，只能让一小部分观众抢到商品，而没有抢到的，大概率会等待下一波"上库存"，从而进一步提高停留时间。

需要注意的是，憋单虽然能够提高观众停留时间，但毕竟是以较低价格售卖，所以用来进行"憋单"的商品是无法产生客观收益的。因此，"憋单"不是目的，重点是在憋单的过程中介绍"利润款"，也就是利润较高的商品。当观众抢不到"憋单款"时，就有可能购买"利润款"商品，进而获得可观收益。

5 步憋单法

为了将观众留在直播间的憋单技巧，并不是简单地售卖低价商品那么简单，其需要完整的流程来时刻保持对观众强有力的吸引。

第一步：开播上福袋

开播上一个小福袋的目的是，让进入直播间的观众去听主播介绍这款很具吸引力的"憋单款"商品。如果没有这个小福袋，还没等到主播介绍"憋单款"商品到底性价比有多高，可能很多观众就流失了。

这个福袋的"倒计时"设置得不要太长，其时间足够将"憋单款"商品介绍清楚即可。通常在 2 分钟以内。

第二步：介绍"憋单款"商品

主播要将"憋单"商品介绍得足够有吸引力，并强调这是送给各位的福利，所以价格很低，而且数量有限。同时，会在不同时间段分别放出库存。但此时务必不要报出具体的价格，为的就是保持吸引力，不断增加直播间人数，等直播间人数增长放缓时，再报价，开单。

第三步：设定上库存的"条件"

为了充分发挥"憋单款"商品的价值，主播可以告诉观众上库存的条件，例如，"想要这个福利的观众扣个 1，有 100 个观众想要就给大家开库存"。

这一步的目的就是为了提高直播间互动量，从而提高权重，并为下一步做铺垫。

第四步：争取出介绍"利润款"的时间

如果"憋单款"确实足够吸引观众的话，此时一定有很多人在屏幕打"1"。这时主播就可以借势说"大家在公屏上扣的 1 太多了，主播数不过来，后台帮我统计一下，到 100 个观众扣 1 后咱们就上库存开抢"。

接下来，趁着后台统计（其实根本没人统计）的时间，介绍"利润款"。需要注意的是，因为此时的观众都等着抢"憋单款"，所以直播间流量会比较高，介绍"利润款"更容易获得订单转化。

第五步：为"憋单款"开库存，并发福袋

"利润款"介绍完之后，就要为"憋单款"开库存，这时再报出价格，当然这个价格一定要压到很低，少亏一点也是可以的。开库存时有一个细节，就是不能让大多数人都抢到，因为抢到的观众大概率会离开直播间，所以将库存设置为直播间人数的1/10即可。并在开抢前务必强调"没有抢到的观众，还可以领福袋，以及之后还会继续上库存，还有机会"，以此继续保持对观众的吸引力。

在观众抢单之后，需要立刻发出福袋，接下来继续重复第2步至第5步即可，直至直播结束，从而完成一场以"憋单"为主，通过较低的成本，整场都有福利来吸引观众的直播。

4大憋单必学话术

如果在利用憋单技巧做直播时，不知道用什么语言既可以提高对观众的吸引力，又可以让观众在没有抢到商品时不至于情绪激动，可以参考以下话术。

常规憋单话术

"我们家初来乍到，广告费直接拿来给大家做活动。我们家不玩虚的，真实放单。这针织衫一件我亏60元，今天给大家准备了50单，能不能接受50单分开给大家发，不要有情绪，不要带节奏。这款抢不到下一款也准备了50单，能做到支持主播吗？能的话，希望大家可以把粉丝灯牌给我亮一下，我们3分钟后先上5单测试一下网速。"

有观众闹情绪时的话术

"我新主播开播第一天哦，这个羊毛打底衫，老板拿出20单亏本做活动，我想我第一次做主播，能多几个粉丝牌算几个粉丝牌，我自己拿工资，再亏10单给大家好不好？我实话实说，一共30单，还是我自己贴了钱的情况下，一会儿开抢，如果没有抢到的话，不要生气，不要带节奏。抢的人多的话，我再去申请一波。大家能不能支持下主播，如果能的话，打出支持两个字好不好？"

让观众感觉"值得一抢"的憋单话术

"我们有2000家门店，统一价格是299元，今天享受批发商的价格，只要19.9元。"

"大家可以看一下，在某宝上的价格是350元，而我们这里，一瓶只要19.9元。"

"这款产品有很多明星代理，去年双11明星代理价格是69元，而今天我们的宝宝只要19.9元就能买到手。"

体现"憋单款"高级感的话术

"第一次来我直播间的兄弟姐妹还有没有没抢到我身上这款独家设计的珍珠连衣裙的，没抢到打个'没'字。姐妹们看一下，是不是很显瘦，很显气质，很高级，简直'绝绝子'。再给姐妹们拿近看一下，都是双包边双走线的。线下实体店299元，今天一杯咖啡的价格直接让你带回家，给不给力？来，后台开始统计，准备上库存开抢。"

会"组品"才能玩转直播带货

很多直播带货新手，只是单纯地准备好要在直播间出售的商品，然后按照顺序依次进行介绍。这样做的弊端在于，只要其中一件商品不符观众"胃口"，就会导致流量大幅下滑。

如果仔细观察直播带货的头部主播，就会发现，他们准备的每一款商品相互之间似乎是有"配合"的。即便观众人数会有波动，但从整体上来看是在不断上升的，这其实就是"组品"。

"组品"的构成

顾名思义，既然叫"组品"，也就是说，所选的商品应该是一个"组合"，彼此有不同的定位和作用。

虽然针对各种特定情况，组品的构成会有变化，但基本上是由"引流品""承流品""利润品"构成的。这 3 种商品构成的目的、关注指标和产品特点如图 2-60 所示。

	引流品	承流品	利润品
选品目的	通过微亏来换取更多流量	稳定流量的同时赚取微利并提高销量	中高利润的产品
关注指标	人气指标、互动指标	商品指标、订单指标	人气指标
产品特点	需求量大、应用场景多、性价比高	主推的核心爆品，具备优势的商品	符合观众用户画像的商品

图 2-60

引流品不能成为直播带货的主角

新手带货主播因为担心直播间人气不够，所以可能非常看重"引流品"。认为"当引流品足够吸引人时，才会有大量观众进入直播间。直播间的观众多了，后面不管卖什么都好卖"。

这其实是一个很常见的误区。

因为引流品太过引人注目时，当从引流品转到承流品时，就会导致很多观众"看不上""不喜欢"，从而导致亏钱的"引流品"卖得很好，到了赚钱的"承流品"，却卖不出去了。那么一场直播下来，肯定是亏损的状态。

所以，不要太过重视引流品。一些便宜、实用、泛用性强的小物件足够吸引观众进入直播间。因为"占便宜"是一种很普遍的心理，甚至这个小物件对自己没有用，也有人想要去抢一抢。

承流品才是直播带货的重中之重

当通过低价、实用的引流品将观众吸引到直播间后，接下来要推的"承流品"才是重头戏。因为承流品是有利润的，并且担负着提升订单数量的责任。

对于一个带货直播间而言，抖音会将该直播间的成交数据作为依据，以此判断是否继续为该直播间增加流量。正因为如此，引流品才不能那么突出，否则把观众胃口带高之后，承流品就很难推得出去了。

在介绍承流品时，要将重点放在商品本身的质量、性能等方面，不要着急报出价格。当通过商品的一系列优势牢牢吸引住观众后，准备开单前再报出价格，可以获得更好的订单转化。

承流品的选择，不能简单地在网上搜索一下就敲定。需要主播根据所属的垂直领域，仔细对比多家产品，并亲自进行体验，再选择最优质的商品进行带货。

通过利润品满足小部分高端客户

在直播前，就要确定直播间目标客户的消费能力，并以此确定承流款商品的价格区间。例如，做服装的直播间，主要面对消费能力在百元左右的观众，那么其承流款的价格区间就应该在百元左右。但是，总会有小部分观众想买更好一点的，这时就需要利用利润款来满足他们的需求。

需要注意的是，如果利润款与承流款是同一类产品，比如都是卫衣，那么利润款不能在质量上有绝对的优势，可以在设计上更潮一些，然后价格提得高一些。

以鸿星尔克直播间的组品为例，有"推荐"标志的就是承流款，是其主打的商品，卖153元，其下方的利润款则卖217元。最下方的69元的则是引流款，属于新人福利，用来拉动流量，如图2-61所示。

图 2-61

注意，利润款一定要与承流款拉开价格差，保持在30%以上，否则同样会打压承流款，导致进入承流款没人愿意买，而利润款大家嫌贵也没人买的窘境。总之，承流款是重中之重，引流款和利润款都是为承流款服务的。

在直播中灵活调整组品

有了"组品"的概念后，各位就知道如何通过不同定位的商品，来让直播间获得盈利并保持热度。

在实际直播过程中，很可能出现与预期不相符的情况。例如，引流品确实拉来了客户，但是在上承流款时，却出现了直播间内观众的快速减少。这时就不要按部就班地介绍完承流款后再介绍利润款。因为承流款大家都不感兴趣，更不要提更贵的利润款了，所以要即时调整，砍掉利润款，并即时结束该承流款的讲解，更换下一个承流款，看能否稳住流量。

无论流量有没有稳住，在换了一个承流款后，都要立刻再上引流款提高流量。如果更换的承流款稳住流量了，那么选择与之相近的商品作为承流款；如果更换的承流款依旧没有稳住，则继续更换承流款。

不要害怕在直播过程中经历失败，正是在一次次试错的过程中，才能让你的选品越来越符合观众的口味，直播间才能越做越好，货也能越卖越多。

值得一提的是，如果怕因为流量下滑而立即转品有些尴尬，可以让团队的其他人员在直播间要求讲解其他商品。这时主播就可以自然地说"看到有的宝宝要求讲一讲某某号链接的产品，这件衣服它……"从而让转品更流畅。

需要重点关注的 4 大直播数据

抖音提供的直播数据是非常全面的，在后面的内容中也会向大家讲解其中绝大部分数据的含义和反映出的问题。其中有 4 个直播数据需要重点关注，因为这些数据可以反映出一场直播的整体情况。

平均在线人数

平均在线人数指的是整场直播在直播间内的观众平均是多少人。

一场直播，其直播间内的人数一定是不断发生变化的。如图 2-62 所示，黄色曲线代表进入直播间的人数，而蓝色曲线则是离开直播间的人数。也就是说，不断有人进入直播间，也不断有人离开直播间，而紫色曲线则代表实时在线人数。

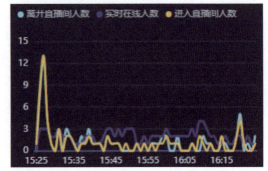

图 2-62

因此，"平均在线人数"的高低是判断直播间人气最直接的方法。因为只有具备一定的粉丝基础，让观众喜爱的直播间，才能让大量观众留在直播间观看直播。

一个新手主播，哪怕直播质量再高，直播效果再好，在开始直播的前几场，其平均在线人数也不会很高。因为知道这个直播间的观众不多，其上限是比较低的，即便进来的观众都留在直播间观看，也无法与已经有一定粉丝基础的大主播相提并论。

另外，目前大主播可以做到平均在线人数千人以上，而绝大多数主播只能做到几十人。这就反映出了直播间留不住人的问题。绝大部分观众都是进直播间看一眼就立刻离开了，所以平均在线人数始终上不去。

因此，平均在线人数低，不一定是因为流量低，很大可能是因为主播留不住人。这时就要在内容上找原因，即为何不能立刻吸引住进入直播间的观众。

人均观看时长

人均观看时长是判断内容是否吸引人，以及主播发展潜力的关键指标。人均观看时长越长，证明直播间的内容越吸引观众。哪怕最高在线人数比较低，但只要人均观看时长满足要求，则证明内容没有问题，只需考虑如何提高直播间曝光度即可。

相反，如果一个直播间的人均观看时长很低，则需要在直播画面吸引程度、主播直播风格吸引程度，以及货品结构合理性和标签是否准确等方面寻找问题。

需要强调的是，绝大部分观众在一分钟的时间内就可以决定去留。所以如果观众进入直播间停留时间只有 1 分钟左右，那么基本上可以断定，直播内容完全没有提起观众的兴趣。

转粉率

所谓转粉率，即新增关注直播间的观众占所有进入直播间前未关注直播间观众的百分比。转粉率较高的直播间，证明其直播间的内容受到观众的认可。同时，粉丝的转化对于今后的直播热度也有很大的帮助。

"转粉"是需要主播通过语言去引导的。所以当转粉率比较低时，除了内容不佳的因素，也要考虑是不是没有提醒观众关注直播间。

值得一提的是，当主播在直播间推出一些活动时，可能会获得较多的流量倾斜。这时除了放出直播间的干货内容，最好做一个福利来增加粉丝转化，更好地利用活动的机会。

互动数据

互动数据是抖音官方判断是否继续为直播间提供流量的重要指标之一。互动数据低的直播间，其气氛往往比较沉闷，观众在直播间的参与感也会很差。作为主播，就应该策划一些活动来调动直播间的氛围。除此之外，在直播过程中，主播要尝试多与观众进行交流，不要将直播做成单方面的内容输出。事实上，互动数据低往往也会造成观众停留时间短且转粉率低。因为不知道如何与观众交流的主播很难留住观众，也很难与观众"打成一片"。

判断直播数据高低的标准

明确数据高低的标准是分析主播好坏的基础。因为这样才知道哪些数据较低，进而分析造成该数据低的原因，从而起到指导直播的作用。

平均在线人数的评判标准

平均在线人数决定了直播间的人气，是判断能否带动货的前提。平均在线人数低的直播间，其订单量一定不高。如果一个直播间的平均在线人数可以达到50人，就证明其具有基本的带货能力。低于50人，则要在主播的话术、流程设计及选品等方面找问题。

人均观看时长的评判标准

人均观看时长最能说明内容的吸引力，30秒及格，2分钟优秀。低于30秒，有可能是因为内容不佳，还有可能是因为标签不准确，导致抖音推进直播间的观众对相关内容不感兴趣，所以很快就离开了。

转粉率的评判标准

转粉率对于直播间热度的提高至关重要。其中，转粉率30%属于及格水平，50%属于优秀。低于30%的转粉率，就要思考为何观众不希望再次来你的直播间。是因为产品不够好？货品价格不合理？还是因为没有让观众感觉还能学到更多的内容？或者是缺乏提醒关注的话术？

评论率和订单转化率的评判标准

对于带货直播而言，互动率主要看评论率和订单转化率。评论率5%及格，10%优秀；订单转化率10%及格，30%优秀。如果评论率偏低，则需要在直播过程中多与观众进行互动。订单转化率偏低，则要思考选品、定价及话术等问题。

在创作服务平台查看直播数据

首先需要强调的是，创作服务平台的直播数据非常简单，也不够全面，所以只能作为直播数据的概览。而且，非带货直播，其数据只能在该平台进行查看。带货直播，则有更全面的直播数据平台——抖音电商罗盘。

查看数据的方法

（1）打开百度，搜索"抖音"，单击带有官方字样的超链接，进入抖音官网，如图 2-63 所示。

（2）登录抖音账号后，单击右上角的"创作者服务"选项，如图 2-64 所示。

（3）单击左侧导航栏中的"直播数据"选项，即可查看"数据总览"或"单场数据"，如图 2-65 所示。

图 2-63

图 2-65

图 2-64

创作服务平台的直播数据

若单击图 2-65 所示的"数据总览"选项，即可查看"基础数据""观看数据""互动数据""收益数据"。每种数据页面的分布是相同的。上半部分均为"昨日关键数据"，而下半部分则为"昨日关键数据"中各个指标在所选日期范围的曲线图。

以"观看数据"为例，当昨日没有直播时，则各个与"观看数据"相关的指标均为 0。页面下方的曲线图，则只能显示所选指标，在日期范围内的曲线。例如，选择"观看人次"后，从 2021-10-11 至 2021-10-17 观看人次数据则如图 2-66 所示。由于在这段时间内，只有 2021-10-16 进行了直播，所以只有那一天的曲线是有数据的。

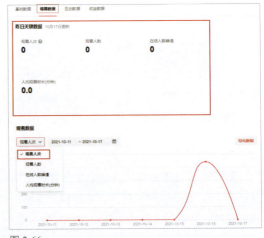

图 2-66

需要强调的是，相对于不同场次的直播数据曲线图，一场直播中不同时间段的数据曲线图对于改善直播质量的意义其实更大一些。而不同场次间的数据对比，可能只在确定直播大方向，如直播选题或带货直播的商品类别时才有作用。

因此，个人认为，创作服务平台的"数据总览"依然有很大的提升空间。目前，该部分数据对直播间的指导作用并不明显。

同时，单击"单场数据"选项后，可以查看一场直播中观看人次、观众人数、在线人数

峰值等数据，但却无法得到人均停留时长，以及转粉率这两个关键数据，如图 2-67 所示。

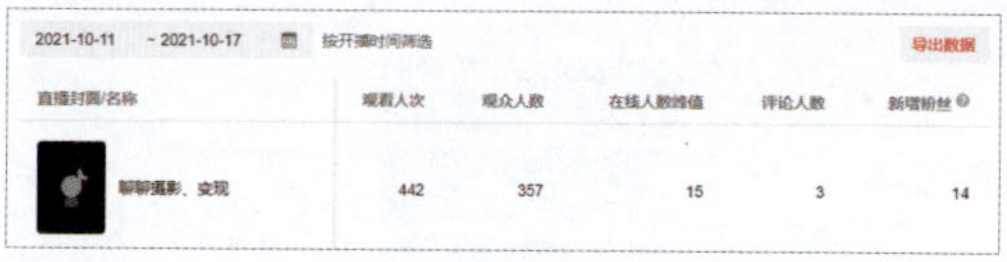

单击右侧的"查看"选项后，还可以看到所有流量的分布情况，如图 2-68 所示。从中可以看到，短视频引流到直播间的流量对于抖音平台而言是十分重要的。

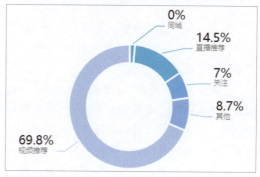

图 2-67

图 2-68

在抖音电商罗盘中查看数据

抖音电商罗盘是专门为商家或达人设计的，方便他们全面掌握直播和短视频数据。下面介绍在抖音罗盘查看直播数据的方法。

（1）打开百度，搜索"抖音罗盘"，单击图 2-69 所示的超链接即可。

（2）选择"商家"或"达人"并登录。如果开通了小店，即可选择商家视角，数据会更加全面。这里以"商家视角"为例进行讲解。登录后单击左侧导航栏"直播"下的"直播列表"选项，如图 2-70 所示。

（3）选择直播日期后，单击直播右侧的"详情"按钮，即可查看详细数据，如图 2-71 所示。

图 2-70

抖音电商罗盘-抖店商家、达人和机构多视角数据平台
抖音电商罗盘为多视角统一的数据平台,抖店商店帮助达人、商家及机构在抖音生态建立稳定的经营模式,从内容流量、商品供应链及用户私域三大命题出发,抖音罗盘为各个角色在内容...
compass.jinritemai.com/ ◎ 百度快照

图 2-69

图 2-71

分析抖音罗盘直播数据

抖音罗盘中的数据非常多，如果只是单独看某一类数据，就好像"盲人摸象"，找不到问题的根源。因此，为了能够系统地分析抖音罗盘中的数据，笔者将以"流量漏斗"为核心，从中找到潜在的问题，再通过具体数据找到出现该问题的原因，让数据分析系统化。

认识"流量漏斗"

进入详细的直播数据页面后，单击"直播间数据分析"板块下的"流量分析"，如图 2-72 所示，即可看到"流量漏斗"。

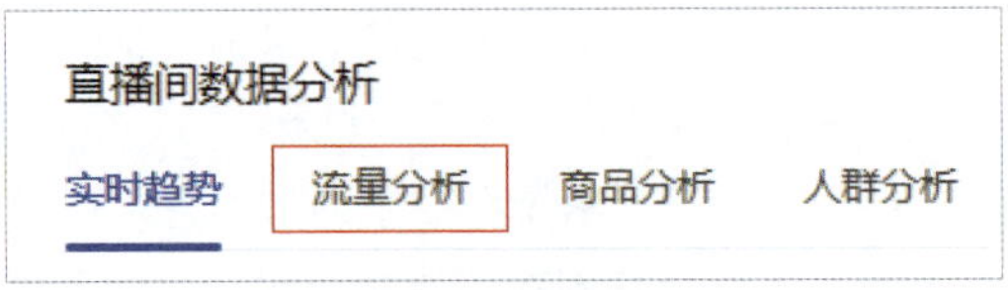

"流量漏斗"是由"直播间曝光人数""进入直播间人数""商品曝光人数"等 6 大数据组成的，可以直观地看到流量是如何层层沉淀下来，直到实现转化的。而每一层转化数据，均可以揭露出直播间在相应阶段存在的问题，让数据分析的目的更明确。

因为"流量漏斗"是系统分析直播数据的核心，所以本节讲解的内容，会多次提到它。

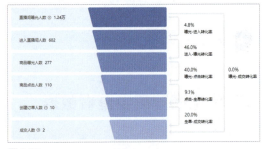

图 2-72

图 2-73

从"流量漏斗"看真正的流量

相信很多人听过这样的抱怨："抖音给我直播间推送的流量太低了，就十来个人"。这其实反映出很多人对"流量"认识的误区。

首先，这句话中的"就十来个人"，其实指的是"平均在线人数"，而"流量"是指抖音将该直播间曝光给观众的人数。也就是在"流量漏斗"中，"直播间曝光人数"这一数据，在该案例中是 1.24 万人，如图 2-73 所示。

就是这样一个 1.24 万曝光人数的直播间，

其平均在线人数仅为 10 人，如图 2-74 所示。这就证明，不是抖音官方没有给这个直播间流量，而是这个直播间留不住流量，这才是问题的根源。

当然，如果你发现"直播间曝光人数"这一数据确实非常低，则大概率是因为内容违规导致被限流，建议暂时停播，并立即咨询抖音官方客服。

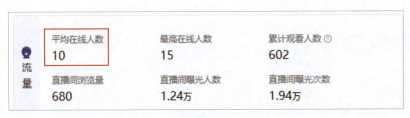

图 2-74

"流量漏斗"第一层：曝光一进入转化率

"流量漏斗"之所以非常重要，关键在于它明确、直观地展现出了流量的逐层转化。如果有哪层流量的转化率偏低，则证明在这一环节存在问题。下面以图 2-73 展示的"流量漏斗"为例，从第一层曝光一进入转化进行分析。

分析数据并找到问题

图 2-73 所示的这场直播，直播间曝光人数为 1.24 万人，进入直播间的人数是 602 人，该层转化率为 4.8%。一个正常运营的直播间，在该层的转化率，也就是曝光一进入转化率应该达到 30% 以上。所以，4.8% 是一个很低的数据。

1. 直播画面不吸引人

由于抖音绝大多数直播间的曝光方式都是将画面摆在观众面前。也就是观众只要点一下"进入直播间"，就实现了曝光一进入的转化，而这一过程通常不超过 3 秒。那么，能让观众在 3 秒内决定是否进入直播间的关键点是什么？直播画面是否美观明显非常重要。

需要强调的是，虽然直播画面不美观会影响曝光一进入转化，但只要保证场景干净、整洁，

是不会导致转化率仅有 4.8% 的。因此，对于该案例的直播间，其超低的曝光一进入转化主要是这个原因造成的。

2. 标签不准确

当一个直播间的标签不准确时，抖音会将直播间曝光给对这类内容根本不感兴趣的观众。而这，才是导致曝光一进入转化极低的关键所在。为了证明这一点，依次单击页面左侧导航栏的"人群"—"人群画像"，如图 2-75 所示。再将界面上方"人群画像"的"用户类型"设置为"内容触达用户"，如图 2-76 所示，即可看到"人群特征概述"板块和"人群偏好"板块，如图 2-77 所示。

图 2-75

图 2-76

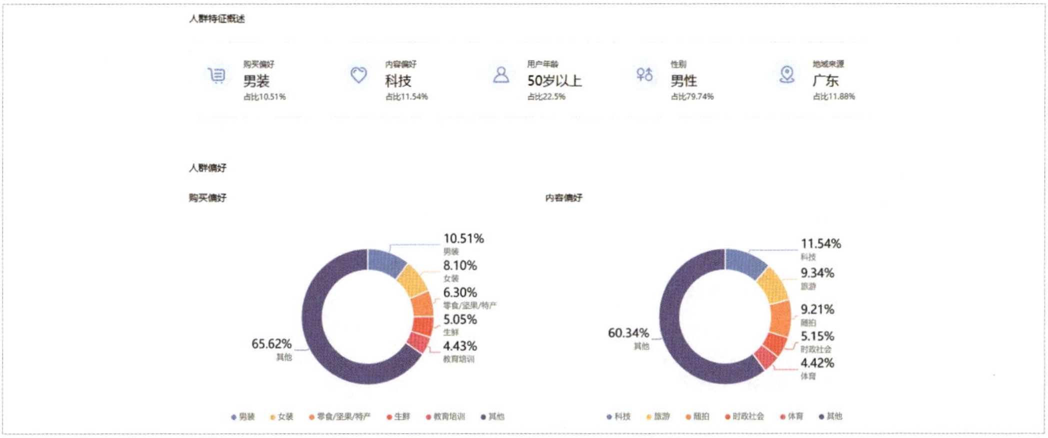

图 2-77

需要强调的是，该案例数据出自一个做摄影教学的账号，而其商品则是摄影教学类课程。正常而言，其内容触达用户的购买偏好更多的应该是教育培训一类，这样才有利于该账号商品的转化，而内容偏好最好是与摄影相关的，如"随拍""旅游"等。

在图 2-77 所示的数据中，内容触达用户购买偏好最多的却是"男装"，占比 10.51%，而"教育培训"类仅占 4.43%。再来看内容偏好，其中对科技类感兴趣的最多，占比 11.54%，而与摄影相关的，"随拍"和"旅游"分别占 9.21% 和 9.34%。因此，该账号的内容，大多数都推送给了对"学习摄影"这件事，甚至对"摄影"这件事都不感兴趣的观众。

除此之外，该账号甚至没有一个非常突出的特征。哪怕是占比最高的类目，与其他类目也没有拉开差距。以内容偏好为例，有数据统计的 5 个偏好分别占 11.54%、9.34%、9.21%、5.15% 和 4.42%，而"其他"，也就是没有明确分类的观众居然占到了 60.34%。从以上这些数据表现可以确定，该账号并没有形成与自己的内容、商品相一致的标签，这才导致绝大多数的流量都被浪费了。

解决问题的建议

要解决账号标签的问题，首先要提高内容垂直度。该案例的账号，从名字开始就存在不够垂直的问题。因为其内容大多数是摄影教学类，但账号名称却还包括视频和运营，这是导致不够垂直的第一点。建议修改账号名，专注于其中一项。

其次，在抖音，靠短视频打标签要比靠直播容易很多。该账号所发布的短视频中，既有摄影技巧教学，还有摄影器材教学及运营教学。其中，摄影器材教学都标注了相机的具体型号，这大大限制了视频的受众范围。因为喜欢摄影的人不少，但使用某一种器材的人却不多，这就导致抖音将这些短视频推给喜欢摄影的观众时，因为观众不用这款相机，所以反馈很差。这时系统可能判定你的内容不适合推给喜欢摄影的观众。

鉴于此，有三点建议。第一点，所发内容尽量垂直，运营类的内容就不要再发布了；第二点，与摄影器材使用相关的教学内容建议不要强调具体型号，以品牌替代，增加受众，并且在内容展现上，强调拍摄技巧，而不是器材操作；第三点，为短视频投放带有兴趣标签的 DOU+，纠正标签不突出、类目不正确的问题。

"流量漏斗"第二层：进入一曝光（商品）转化率

分析数据并找到问题

如图 2-73 所示的数据中，第二层进入一曝光（商品）转化率达到了 46%。这一数据虽然不算高，但属于正常范围。证明进入直播间的大多数都是对摄影感兴趣的，产生了停留，所以能够看到商品展示，也就是所谓的商品曝光（在直播间看到商品卡弹出即算作商品曝光）。

而观众的平均停留时间，则可以在"整体看板"板块下的"互动"数据中查看，如图 2-78 所示，其平均停留时长达到 1 分 23 秒，所以 46% 的进入一曝光（商品）转化率就很好理解了。

| 互动 | 新增粉丝数 ⑦ 3 转粉率0.5% 评论次数 100 | 人均观看时长 1分23秒 点赞次数 555 | 新加团人数 5 加团率0.83% |

图 2-78

如果该层转化率在 10% 以下，则证明进入的观众几乎没有产生有效停留（停留达到 10 秒为有效停留），可能对该直播间的内容不感兴趣，或者在直播过程中，主播亮出商品卡的频率太低了，导致观众在停留期间没有看到商品卡。

解决问题的建议

如果是因为商品卡出现次数太低而导致进入一曝光转化低，那么只需主播注意讲几句话就点一下商品旁的"讲解"选项，从而提高亮出商品卡的频率。

如果观众没有产生有效停留则需要注意以下两点。

（1）流量来源出现问题。正常的流量来源，自然推荐——feed（也就是根据账号标签推荐给观众的流量）和短视频引流应该占主要部分。而当直播广场和"其他"流量过多时，就会出现曝光—进入转化率很高，但进入—曝光（商

品）转化率较低的情况。

造成这种情况的原因主要是该账号是通过红包或者福袋等福利活动进行起号的，所以吸引来的观众大多数是为抢福利来的。一看没有福利可抢，就会迅速离开直播间，导致没有有效停留。

建议大幅减少福利活动所占的直播时间。另外，短视频内容也要提高质量，以解决观众问题为出发点进行内容创作。

对于流量来源的数据，大家可以在"流量漏斗"上方的"流量来源"板块进行查看，如图 2-79 所示。

（2）内容没有抓住观众痛点。进入直播间的观众很多，一听内容就马上走了，很有可能是因为内容没有抓住观众痛点，解决不了观众的问题。建议调整内容方向，并增加干货，不要总是在直播间里讲一些缺乏营养、无法解决实际问题的内容。

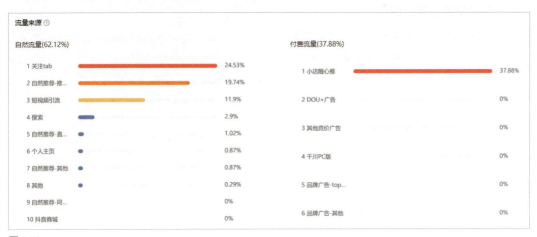

图 2-79

"流量漏斗"第三层：曝光（商品）一点击转化率

分析数据并找到问题

在图2-73所示的数据中，第三层曝光（商品）一点击转化率为40%。这一数据的表现是比较好的，说明观众对商品很感兴趣。

如果这一转化率较低，则证明观众对商品不感兴趣，或者是商品的封面图不佳，导致观众不想点开商品进行仔细查看。

解决问题的建议

如果是由于观众对商品不感兴趣导致曝光（商品）一点击转化率较低，则建议针对以下3点进行改进。

（1）重新考虑选品和组品。尽量选择符合直播间垂直分类下销售火爆的商品，并尝试进行组品，让每一件商品的存在都有明确的价值。关于选品和组品的具体方法，可参考本书第10章内容进行学习。

（2）更换封面图。如果自己拍不出好看的封面图，可以找专业的产品摄影工作室来拍摄。

（3）考虑商品与直播内容的相关性。如果是直接推荐商品的直播，就不存在这一问题。如果是科普类的，或者是干货分享类的直播，就要考虑直播内容与商品的联系是否紧密。如果两者之间没什么关系，也会导致该层转化率不高。

"流量漏斗"第四层：点击一生单转化率

分析数据并找到问题

在图2-73所示的数据中，第四层点击一生单转化率为9.1%，表现也是正常的。如果此数据过低，则证明观众对商品很感兴趣，但是心中却依然存有一定的疑虑；或者是因为价格不太能接受，导致最终没有下单。

解决问题的建议

如果是因为观众心中仍有疑虑而未下单，建议从以下两点来解决问题。

（1）在直播结束后，与粉丝进行沟通，询问直播过程中哪些方面做得不够好，从而不断改进直播质量，让观众更信任主播。

（2）在直播过程中，主动说出观众有可能会产生疑虑的点，尽可能打消其疑虑。

如果是因为价格不能接受，那么可以降低售价，或者尝试上一些价格低的商品，以及提供小包装规格也是不错的方法。

"流量漏斗"第五层：生单一成交转化率

分析数据并找到问题

在图2-73所示的数据中，第五层生单-成交转化率为20%，该数据明显偏低。一般来说，此层的转化率会在80%左右。因为观众在成功下单后，就意味着已经决定购买了。在决定购买的情况下，付款这个行为其实是水到渠成的。

既然该账号的数据显示出存在生单一成交转化率低的情况，那就意味着一定是哪里出了问题。根据笔者的经验，此步转化率低有以下3种情况。

情况1：观众的年龄偏大，在首次购买时，不知道该如何付款。

情况2：观众在下订单后发现最终价格与主播在直播过程中的宣传不符，所以不会付款。

情况3：观众下订单的目的是"收藏商品"，暂时没有决定购买，但又怕想买的时候，找不到这个直播间。

第1种情况可以通过数据进行辅助判断，依次单击页面左侧导航栏中的"人群"—"人群画像"，如图2-80所示。再将界面上方"用户类型""人群画像"设置为"首购用户"，如图2-81所示，即可看到"年龄分布"板块，如图2-82所示。

图2-80

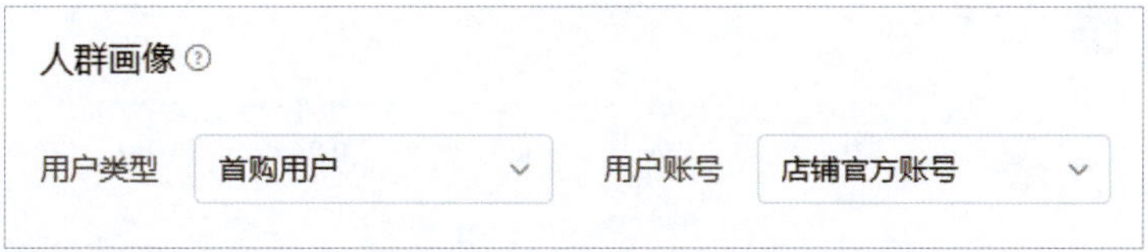

图2-81

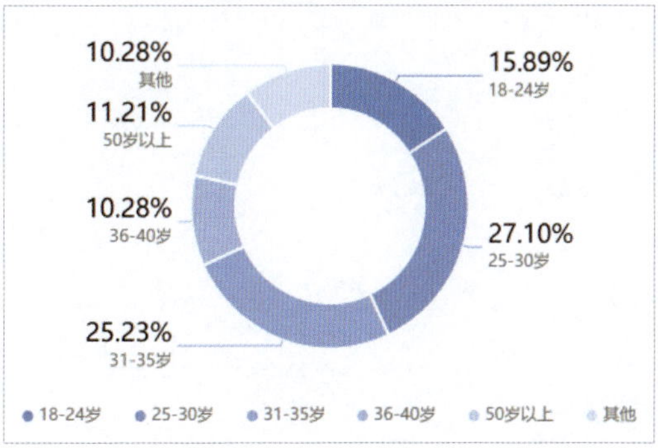

图2-82

如图2-82所示，50岁以上人群占11.21%，没有明确年龄的"其他"占10.28%，证明高龄购买人群数量并不大，所以即便在该直播间有上文第1种情况发生，但不是造成生单—成交转化率低的首要原因。

由此可以判断出，主要问题出在第2种和第3种情况上。

解决问题的建议

如果主要问题出自上文中的第1种情况，那么建议在直播时，可以让不知道如何付款的观众私信自己，然后由客服解决该问题。

如果主要问题出自上文中的第2种情况，则建议在介绍商品时表达清楚，让观众清楚地知道现在介绍的是几号链接的商品，以及价格是多少。如果有一些好评返现类的活动，则要强调具体的返现方法，避免观众对价格产生疑惑。

如果主要问题出自上文中的第3种情况，则建议尝试"憋单"话术，让观众产生紧迫感。例如，强调还剩最后多少件，或者利用包邮吸引观众尽快付款。

值得深入研究的 22 个直播卖货账号

笔者结合蝉妈妈、抖查查、新抖、飞瓜等付费数据平台，筛选出了值得新手对标学习的 22 个账号，如图 2-83~ 图 2-104 所示，这些账号均不属于实力非常强劲的专业机构或明星、达人，粉丝均在 10 万以下，月销售业绩通常是 40 万以上，属于新手主播"努力踮脚"就够得着的类型，因此对于新手来说具有一定学习参考价值。只要认真分析这些账号上架的商品、直播时间、话术、场景搭配、活动技巧，相信就一定能够总结出一套对自己也行之有效的直播打法。

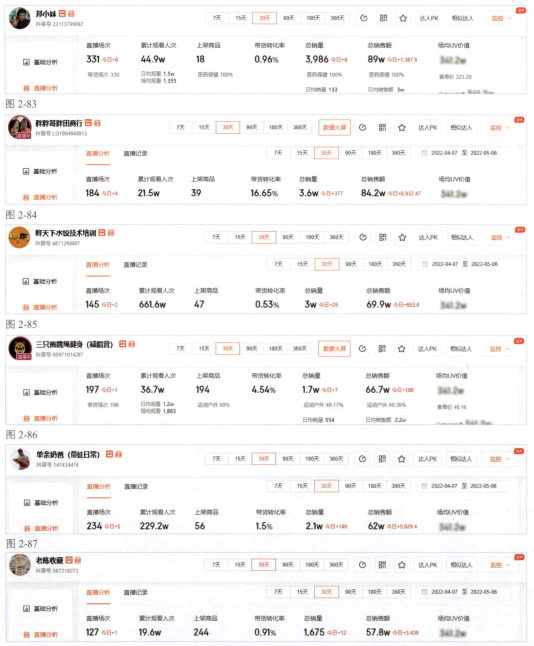

图 2-83

图 2-84

图 2-85

图 2-86

图 2-87

图 2-88

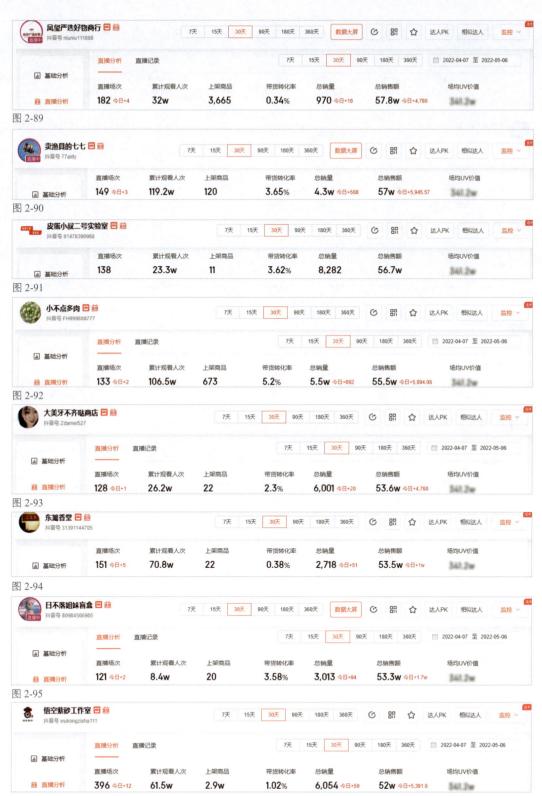

图 2-89

图 2-90

图 2-91

图 2-92

图 2-93

图 2-94

图 2-95

图 2-96

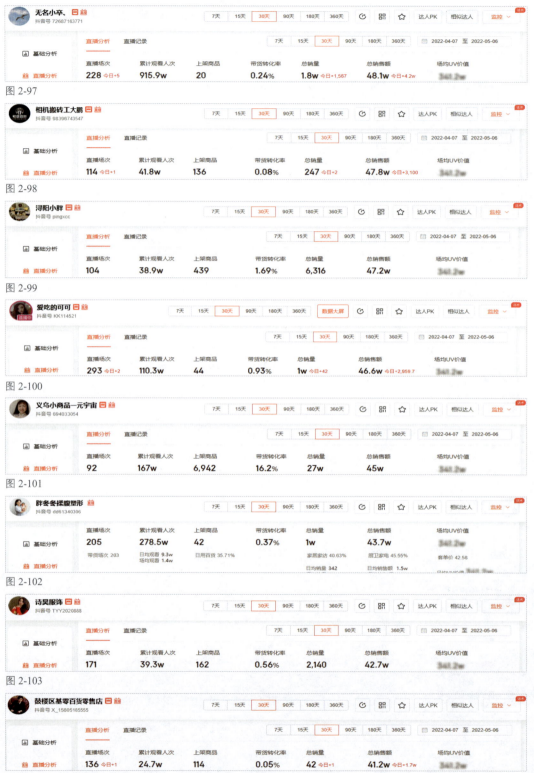

图 2-97

图 2-98

图 2-99

图 2-100

图 2-101

图 2-102

图 2-103

图 2-104

第 3 章

抖音小店微创业实操及
15 个行业 260 个对标账号

抖音小店 4 大优势

抖音小店又称为抖店，是类似于淘宝店铺的电商商家经营平台，进入抖店后，可以看到已售数据及相关资质，如图 3-1 所示，抖店具有以下几个特点。

图 3-1

一站式经营

开通抖店后，商家可以通过从内容到数据，到服务全方位的抖店产品，实现商品交易、店铺管理、售前 & 售后履约、第三方服务市场合作等全链路的生意经营。

多渠道拓展

商家可以在抖音、今日头条、西瓜、抖音火山版等渠道进行商品分享，实现一家小店，多个渠道销卖。

双路径带货

开通抖店后，不仅商家可以自行销货，更重要的，可以通过将商品加入精选联盟，通过高佣金使海量抖音创作达人自主带货，从而迅速提升销售渠道，获得更高收益。

开放式服务

类似于淘宝与天猫，目前商家也可以在第三方服务市场中选择，可提高商品管理、订单管理、营销管理等经营项目效率的服务。

开通抖音小店的条件与成本

开通条件

只有个体工商户或企业才可以开通抖音小店，虽然，开通小店时可以使用亲属或朋友的执照，但由于小店的对公结算账户，必须是执照法人私人账号或执照公司对公户，所以，为了避免麻烦，建议还是使用自己注册的工商户或企业执照。

开通成本

要开通小店，需要按小店所售商品的类目交纳保证金。不同类目，保证金不同。不同主体，保证金也不相同，例如，同样是经营笔记本电脑类目，个体户保证金是 10000 元，企业保证金为 20000 元。如果经营的是多个类目，按最高金额收取，不进行叠加。

虽然抖音小店有一定的开通条件与成本，但考虑到抖音电商属于新型电商，竞争激烈程度距离天猫、淘宝、京东等传统电商还有一段距离，因此，建议有意在电商领域发展的创作者尽早申请，尽早开通。

抖音小店开通方法

抖音小店的开通门槛较高，只有个体工商户或者企业、公司才允许开通。

开通抖音小店可以分为5步骤，分别如下。

（1）提交申请，电脑端申请需要进入 https://fxg.jinritemai.com/ 网站，手机端提交申请可以点击创作者主页的"商品橱窗"，再点击"开通小店"图标，如图3-2所示。

（2）提交营业执照、法人/经营者身份证明、店铺Logo、其他相关资质证明等。

（3）平台审核上述资料。

（4）账户验证，即使用银行预留手机号实名验证或者通过对公账户打款金额进行验证。

（5）缴纳保证金，经过上述5个步骤后，则可以成功开店。

图 3-2

学习抖音小店功能及运营技巧

抖音小店有异常强大且丰富的功能，而且迭代速度极快，基本上每一周都有小的改动，因此，每一个小店运营人员，都必须有一定的自学能力，且掌握自学的方法。

笔者的学习经验是，定期进入抖音电商学习中心网站，其网址为 https://school.jinritemai.com/doudian/web，如图3-3所示。

在这个网站中，不仅能够学习到最新运营知识，还可以在点击页面上方的"规则中心"标签后，学习了解抖音电商的各种规则，如图3-4所示。

此外，点击"功能中心"可以详细学习抖音小店的各项功能使用方法。

点击"课程中心"可以免费学习包括规则解读、流量获取、直播运营、短视频运营、货品运营、粉丝运营、客户服务、数据分析等各类短视频相关课程。

图 3-3

图 3-4

管理抖店

开通抖店仅仅是万里长征第一步，后面还有大量工作，包括上架产品、装修微店店面、将产品加入精选联盟、设置物流模版、设置客服等，这些工作都要在图 3-5 所示的抖店后台进行，抖店登录网址为：https://fxg.jinritemai.com/。

抖店的功能非常丰富、复杂，在此仅讲解比较重要的装修抖店与将商品加入精选联盟的操作。

图 3-5

装修抖店

要装修抖店，可以按下面的步骤操作。

（1）电脑端进入 https://fxg.jinritemai.com/ 网站，使用抖音账号登录。

（2）点击左侧功能区的"店铺装修"按钮，进入图 3-6 所示的页面。

（3）点击"编辑"按钮进入图 3-7 所示的装修页面，从左侧的组件区域将需要的组件一一拖动添加至主页上。

（4）在页面的右侧组件参数设置区域，对每一个组件的参数进行设置。

图 3-6

图 3-7

精选联盟商品入选标准

无论店家是自己经营矩阵号，还是希望其他的达人帮自己带货，前提条件都是在开通小店后将自己的商品加入精选联盟。

加入精选联盟的操作并不复杂，但并不是所有商家均可以加入。为了优化整个抖音电商的生态，抖音为精选联盟设置了以下几个准入条件。

商家条件

» 商家店铺体验分高于（含）4分，新商家（入驻成功60天内的商家）且无体验分时，暂不做考核。要查看店铺体验分，可以点击抖音主页的"进入店铺"按钮，查看如图3-8所示的红色数字。

图 3-8

» 商家店铺不存在小店《商家违规行为管理规则》中"出售假冒/盗版商品""发布违禁商品/信息""虚假交易""不当获利""扰乱平台秩序"等严重违规行为而被处罚的记录。

» 商家店铺账户实际控制人的其他电商平台账户，未被电商平台处以特定严重违规行为的处罚，未发生过严重危及交易安全的情形。

» 商家店铺需要根据不同店铺类型上传品牌资质，并保障品牌资质的真实性、合规性及链路完整性。

商品标准

» 商家在精选联盟平台添加推广的商品（创建推广计划的商品），品质退货率和投诉率需要满足一定标准。一般来说，退货率要≤4%、投诉率≤2%，对于较贵重的商品，退货率与投诉率要更低，才可以满足进入精选联盟的要求。

» 加入精选联盟的商品，其商品类目、标题、主图、详情、价格等应符合平台要求，不得出现"滥发信息"行为。

» 商品详情页需要对商品形状、质量、参数等进行准确描述，不得仅以秒杀链接、专拍链接、邮费链接、价格链接、福袋等形式进行售卖。

» 特殊功效商品，须上传相关资质，通过精选联盟平台审核后才可在联盟中推广。

需要注意的是，进入精选联盟后并不等于进入了"保险箱"，如果商家店铺体验分低于3.5分，则会被系统从精选联盟中清退，而且平台会每日校验商品指标，对没有达到加入标准的商品进行清退，当商品再次符合准入标准后可再次开启推广。

将商品加入精选联盟的操作方法

（1）进入抖店后，点击上方的"精选联盟功能"菜单，进入图 3-9 所示的页面。

图 3-9

（2）点击页面上方的"计划管理"菜单，进入计划管理页面，如图 3-10 所示。

图 3-10

（3）点击页面右侧的"添加商品"按钮，并选择要加入精选联盟的商品，如图 3-11 所示，点击"确定"按钮。

图 3-11

（4）在"商品设置"对话框中设置"佣金率"及申样规则，默认情况下虚拟货品要关闭免费申样，点击"确定"按钮，如图 3-12 所示。

图 3-12

（5）此时在商品列表页面中，即可看到已经添加到精选联盟里面的商品了，如图 3-13 所示。

图 3-13

无货源小店及店群的坑不要踩

什么是无货源小店

顾名思义，无货源小店是指自己不生产商品，通过全网采集商品，批量上传商品信息到自己的抖音小店后，加价销售赚取差价的一种店铺。

例如，老王注册并成立了一个抖音小店，从拼多多上或1688等低价批量平台上搜索了各类手机壳的商品信息，通过软件批量将这些信息包括图片上传到自己的店铺，并在原价格的基础上加价25%。

有粉丝下单后，老王直接将客户的收货地址信息，发送给自己采集信息的拼多多或1688店铺。

当这些店铺发货后，老王将快递单号填写在自己的抖音小店后台，因此商品实际上是从拼多多或1688等源头厂商店铺直接发货给了老王的客户。

整个交易过程中，老王注册的抖音小店只是做到了信息传递作用，属于纯粹利用信息差赚取差价。

由于这种店铺不涉及收货、发货、售后等各种问题，所有操作基本上都是利用软件批量自动完成，因此，许多人都会注册多个小店，这就是所谓的店群规模化经营。

无货源小店为什么是个坑

早期在抖音小店发展初期，由于入驻的店家数量有限，为了丰富商业生态，对于这种店铺，抖音采取睁一只眼闭一只眼的监管状态。

由于无货源小店通常采取的是批量化店群经营，因此，在较短的时间内抖音平台诞生了大量店群，这就产生了典型的劣币驱逐良币的现象，因为抖音的流量是有限的，当流量被大量分配给无货源小店，而真正有自己产品，且真实经营的店铺流量就会下降。

当有了无法解决的纠纷或者售后问题时，这样的小店通常都会直接注销。这对于在抖音上消费的群体来说是一个巨大的伤害，同时也将影响消费群体对于抖音平台的信任度。

长此以往，将会使抖音平台走入拼多多惯用的"砍一刀"拼单恶性循环，被广大消费者唾弃。

因此，在2022年4月抖音平台颁布了针对无货源小店的管理条例，其中明确指出，如果平台根据系统识别、媒体报道、用户投诉及商家举报等多维度判定商家店铺涉嫌无货源经营时，平台将对商品或店铺进行限制，轻则下架商品，重则封店。

商家如需申诉，需要提供包含但不限于：涉及商品/订单的进货发票、清晰完整的物流底单、完税凭证、公司对公的银行账户对账单(需为纸质账单扫描件)等票据，如有特殊经营模式，商家提供相关资质凭证及相关合作协议等。

从这个条例可以看得出来，抖音是动了真格，无货源小店想要蒙混过关，并不是一件容易的事儿，从长期发展来看，这个方向一定是个死胡同。

因此，建议小店新手一定不要踩这个坑，如果没有自己的产品，不如直接开一个橱窗分销别人的产品。

值得学习研究的 23 个普通小店账号

笔者结合各抖音数据分析平台，筛选出了值得新手对标学习的 23 个小店账号，如图 3-14 ～图 3-36 所示，这些账号均不属于实力非常强劲的专业机构或明星、达人，粉丝均在 10 万以下，月销售业绩均在 40 万以上，而且其中大部分账号的销售主要来自于视频，而不是直播，因此属于新手小店"努力踮脚"就够得着的类型。只要认真分析这些账号的小店装修、视频拍摄方法、上架的商品，相信就一定能够总结出一套对自己也行之有效的小店运营方法。

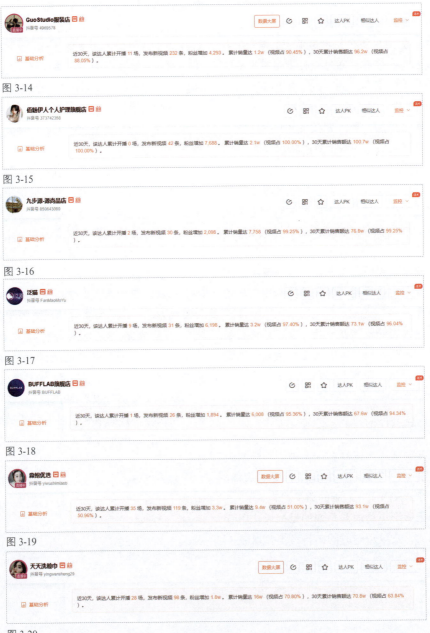

图 3-14

图 3-15

图 3-16

图 3-17

图 3-18

图 3-19

图 3-20

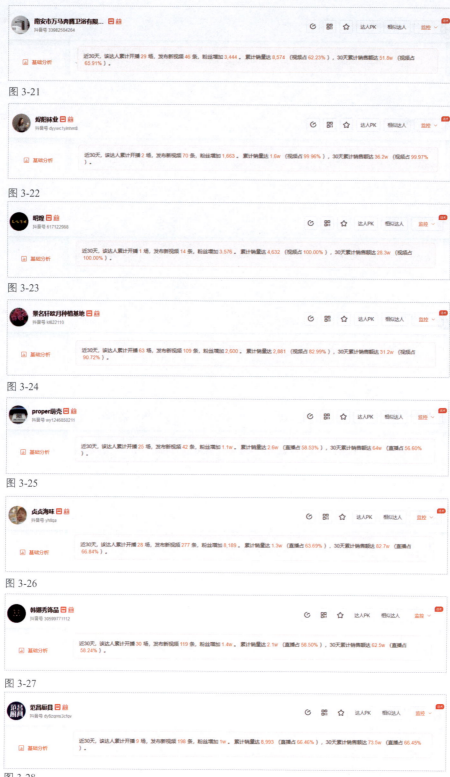

图 3-21

图 3-22

图 3-23

图 3-24

图 3-25

图 3-26

图 3-27

图 3-28

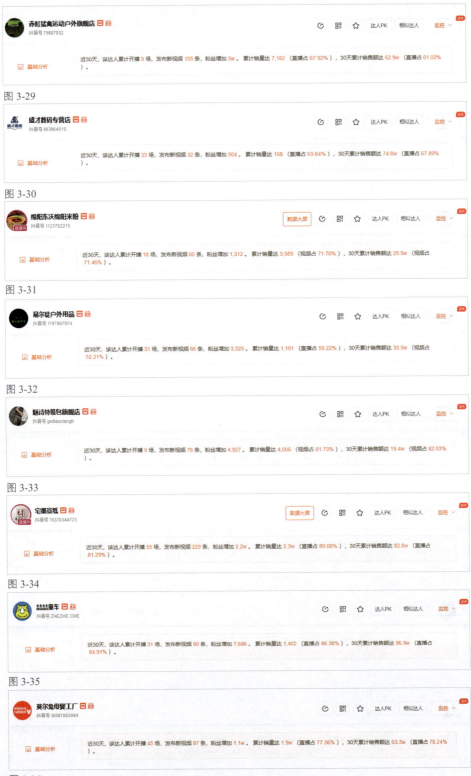

图 3-29

图 3-30

图 3-31

图 3-32

图 3-33

图 3-34

图 3-35

图 3-36

15 个行业 237 个排名居前的小店月销额

上一节列举的是新手"努力踮脚"就够得着的参考学习小店账号，本节将列出当前在抖音上热门的 15 个垂直领域中排列居前的小店账号，如图 3-37 ～ 3-51 所示，通过了解这些小店的月销额及运营方式，就大体知道了各行业的销售"天花板"，自己努力的方向，以及应该分销那些小店的产品。

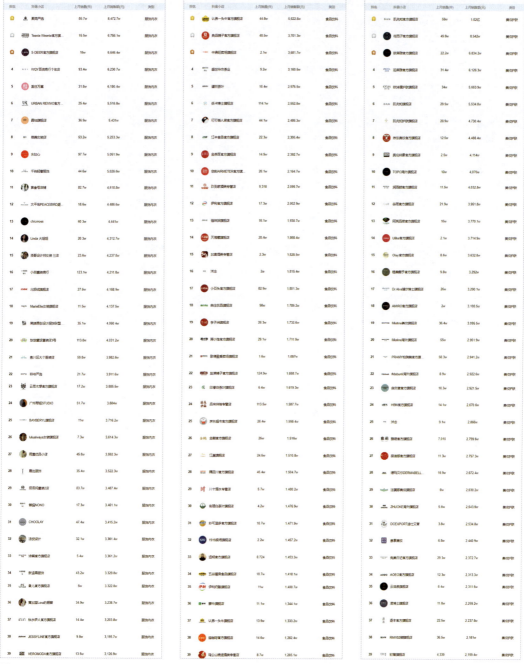

图 3-37　　　　　　　　　图 3-38　　　　　　　　　图 3-39

图 3-40

图 3-41

图 3-42

图 3-43

图 3-44

图 3-45

图 3-46

图 3-47

图 3-48

图 3-49

图 3-50

图 3-51

第4章

书单号微创业实操及

44个对标学习账号

书单号的两种变现模式

所谓"书单号变现"，其实就是通过短视频去卖书，属于"短视频带货变现"中的一种。之所以单独介绍此种变现方式，是因为其在抖音上广泛存在，并且具有门槛低、收益高、退货少、无售后的特点。

书单号属于最早被开发出的抖音变现方式之一，到目前为止，已经演变出了 2 种比较常见的变现模式。

个人书单号

第一种模式就是很多个人创业者或将书单号作为副业的创作者选择的，通过专心做一个账号，发一些与图书中精彩文案相关的视频，慢慢积累粉丝。等粉丝积累到一定程度后，即可开始带货图书，实现书单号变现。

说到此类账号，部分人会认为类似于刘媛媛及王芳等名人自带流量，所以很容易成功。

其实普通人也有非常成功的例子，例如，账号"栗子熟了"，图 4-1 所示的账号"陈大侠"也是典型的背景普通的个人书单号，通过口述一些励志的人物故事积累粉丝，然后再通过充满正能量的书中精彩片段吸引观众买书，进而成功变现。

点进他的账号橱窗，可以看到已售数量已经有9.3万，如图4-2所示，30 天内销售量是 1 万，如图 4-3 所示，应该说书单带货的效果，还是相当不错的。

图 4-1

矩阵书单号

经过几年的发展，书单号在抖音上的竞争已经非常激烈，如果想脱颖而出，往往需要视觉表现效果、超高的内容质量，并且与其他书单号形成差异化，所以难度非常大。

越来越多的创作者开始采取"矩阵书单号"这种模式"以量取胜"，做垂直领域的"书单号"，如教辅类书单号、儿童类书单号、励志类书单号等，并且每个领域做多个账号，通过"量"来提高成功的概率。

在持续运营一个月之后，舍弃没有出爆款视频的账号，更换垂直领域继续做新账号，或者将更多的精力放在出现爆款视频的账号上。

这种书单号变现模式的成功几率要比"个人书单号"高不少，但由于创作强度较高，因此，比较适合于精力充沛的创作者，或者小的团队来运作。

图 4-2

图 4-3

书单号经营要点

图书选择 4 大要点

图书是书单号的主要销售品类，可以使用本书前面章节所讲述的方法，将图书添加到橱窗中，这个操作本身非常简单。但在选择图书的时候要注意以下几个要点。

紧跟热点

所有与热门相关的视频，都会在短期内获得巨大流量，本质上还是由于抖音是一个信息平台。因此，每一个创作者都要有抓热点的敏感度。

例如，2022 年的 2 月~3 月，俄罗斯就是一大热点，因此与其相关的图书销售都不错，如图 4-4 所示。

育儿是重品

育儿图书是非常重要品类，销售量能够达到 5 万以上的图书品类，几乎只有育儿品类，如图 4-5 所示。

因此，做书单号绝不可错过育儿品类，这就要求创作者在内容上需要用心打磨，以使内容能够打动父母们。

辨别优劣

盗版图书是一个长期存在的问题，无论是抖音还是拼多多、淘宝，都有大量盗版图书。

书单号创作者切记不能销售这些图书，首先是有法律风险；其次，由于这些图书往往为了节省成本，用较差的纸与墨水，阅读体验极差。

由于粉丝的购买行为是基于对创作者的信任，因此，这样的图书势必会破坏这种信任关系。

辨别盗版图书的方法是查看图书评论，如果有读者反馈纸差、油墨的气味大，通常就是盗版图书。

此外，正版图书由于成本较高，通常不可能给出超出 50%的佣金率。

图 4-4

图 4-5

紧盯达人选品

对于新手来说，可能会出现由于不熟悉图书品类，导致无法找到优质好书的问题，此时不妨多看看图书品类带货达人的直播间及橱窗，如刘媛媛、王芳，以及各大出版社直播间。

在这些直播间，不仅能发现好的图书品种，还能够学习到如何介绍不同的图书，为自己写文案，做直播打下基础，尤其是各大出版社直播间，推荐的都是经过编辑挑选的好书，因此能够发现一些有潜力的新书。

经营范围要点

这是许多新手在做书单号时的一大误区，认为书单号就应该销售图书，其实不然。在图书之外，还应该根据自己粉丝的画像，再选择一些粉丝有可能购买的产品。以"栗子熟了"抖音号为例，通过后台数据分析，可以看出来，除了图书，食品、百货、化妆品也在创作者销售范围之内，如图 4-6 所示。查看粉丝画像的方法可以参考本书前面的章节。

此外，图书与在线课程天然近似，因此，创作者也可以上架一些与粉丝画像匹配的在线课程。

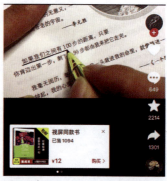

图 4-6

"优美句子式"书单号视频制作要点

这类书单号无论是表现形式还是制作方法都非常简单，如图 4-7 所示，以实拍的方式，将一本书中比较优美的句子摘画出来即可。

虽然表现方法很简单，拍摄也很简单，但是由于可以批量复制，因此特别适合于技术不很成熟，创作思路也没有太多想法的初级书单号创作入门者。

笔者找到了一个粉丝仅 2.2 万的账号，在橱窗中可以看到销售已经近 6000，如图 4-8 所示。

图 4-9 所示为，另外一个粉丝量为 1.5 万的同类账号。橱窗销量也近 4000。

如果批量制作这样的 10 个账号，收入还是比较可观的。

此类视频在制作的时候只需要确保明亮、清晰，背景音乐舒缓、动听，在配合上有一定文学素养的标题即可。

如果出境的手与笔颜值更高一些，就能够取得更好的效果。

图 4-7

图 4-8

图 4-9

"静态展示式"书单号视频制作要点

这种方法的效果如图 4-10 所示，虽然已经是 2022 年，虽然这种形式在几年前就已经出现，但是如果应用得当，仍然有非常好的视频播放量。

图 4-11 所示的视频是笔者在 2022 年 3 月 15 日截取的，而此视频的发布时间是 2022 年 3 月 14 日，仅仅一天的时间，点赞量已经达到了近 1 万，这也就不难解释为什么这个账号的出单量非常高。

图 4-12 所示为笔者截取的账号主页，可以看出视频表现模式几乎是一样的，图 4-13 所示为此账号的橱窗，可以看到销售量也已经达到了 9.1 万，而单月销量已经达到 4377 本。

此类视频制作方法相对比较简单。

（1）在网络上寻找到类似于图 4-14 及图 4-15 所示的无字图书底图。

（2）通过 PS 等后期软件将文字合成在无字底图上。

（3）将合成的图片导入剪映中，添加背景音乐。

（4）如果需要还可以使用剪映的"画中画"功能，在图片的局部叠加动态视频效果，或在视频最后添加翻书视频画面。

（5）导出视频后，即可发布在抖音平台上，并挂载购书链接。

图 4-10

图 4-11

图 4-12

图 4-13

图 4-14

图 4-15

"书籍摘抄式"书单号视频制作流程

"书籍摘抄"式的书单号视频不需要真人出镜，只需要一本书就可以制作上百条视频内容，而其中若出现一个爆款视频，就可能获得不错的收入。具体制作流程如下。

（1）购买一本在抖音中热卖的畅销书，然后用手机将其中精彩的文字拍摄下来。

（2）使用手机中内置的文字提取工具，将照片中的文字粘贴到"记事本"。如果没有相关工具，就在微信中打开拍摄文字的照片，点击右下角图标，如图 4-16 所示，再点击"提取文字"，如图 4-17 所示即可。

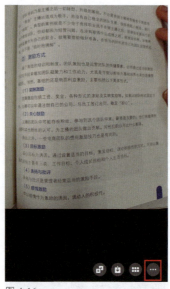

图 4-16

图 4-17

（3）选择提取出的文字中较为精彩的一段，粘贴到配音网站，如"牛片网"，生成一段语音，并将其下载。

（4）在一些无版权视频素材网站中下载些比较减压，或者唯美的视频，将其导入剪映；然后点击"音频""提取音乐"选项，选择刚下载的语音。使视频轨道与音频轨道首尾对齐即可，如图 4-18 所示。

（5）导出视频，并再次导入剪映，通过"识别字幕"功能为画面添加字幕。

因为该种方式是"以量取胜"，所以建议在发布视频时添加相关书籍的链接，从而让爆款视频可以得到充分的成交转化。

图 4-18

"批量复制式"书单号视频制作流程

"书籍摘抄式"书单号视频的制作难度非常低，能够轻松实现每天制作几十条视频的需求，而"批量复制式"的制作难度更低，出片速度更快。下面介绍具体的制作流程。

（1）关注若干个处于头部的，没有真人出镜的书单号，挑选出其爆款视频，将其下载。不能下载的，可以进行录屏。选择这些视频要注意，视频的背景声音必须是诵读书中的经典句子，而不是纯粹的背景音乐。

（2）打开剪映，导入减压、唯美的风景视频，选择"音频""提取音频"选项，将刚刚下载或者是录屏的视频的语音提取到剪映中，并让音频轨道与视频轨道首尾对齐。在这个步骤里面视频素材的选择非常关键，因为当一个观众打开视频的时候，如果第一眼的画面不能够吸引他，就会在第一时间划走。

（3）导出视频，在发布时记得将对应的图书链接添加好即可。

这个方法的核心其实就是自己的视频素材混合他人的音频素材，需要注意为了避免出现侵权的情况，如果原视频的文字诵读声音为真人，就不能选择了。

"真人出镜式"书单号视频制作流程

真人出镜视频重在文案撰写和前期视频拍摄，至于后期则基本只要生成字幕即可，具体流程如下。

（1）撰写文案。撰写文案可以写一下对书中某句话的感悟，也可以单纯分享下书中自己喜欢的文字。能够将文案背诵下来自然最好，如果不能，也要在写完后多读几遍，在看着"提词器"朗读时可以更流利。

（2）录制视频。找一个干净的背景，利用自然光让自己的面部是明亮的。如果准备了额外的灯光，还可以进行补光，或者直接用人工光打亮人物进行拍摄，如图 4-19 所示。

（3）导入剪映进行后期。将录制好的视频导入剪映，调整"比例"为"9:16"，然后依次点击界面下方"文字""识别字幕"选项，再调整其位置、大小即可。

（4）将视频从剪映导出后，即可发布至抖音。在发布时可以加上相关书籍的链接。需要注意的是，对于刚刚起步的账号而言，"挂车"视频会对播放量有较大的影响，所以建议先不挂车，而是引导观众通过橱窗购买，从而既有可能变现，又可以获得更高的播放量，逐渐积累粉丝。

图 4-19

"视频混剪式"书单号视频制作要点

这个方法的核心是利用能够找到的公开的无版权视频素材来介绍图书。

例如，在图 4-20 所示的视频中，创作者使用了有关于普京的视频素材，并以此来带动《普京大传》图书，从图 4-21 所示的销售数量来看，效果不错。因此创作者按照同样思路，制作了 6 个视频，如图 4-22 所示。

要制作这类视频，需要擅于寻找标志性人物，例如，如果介绍的是历史类图书，可以寻找钱文忠、易中天等知名专家视频，将他们的一两句话剪辑成为视频。

此外，也可以混合剪辑与所推荐的图书有密切关联的电视节目素材，例如，介绍诗词类图书时，使用诗词大会电视节目的相关素材，如图 4-23 所示。

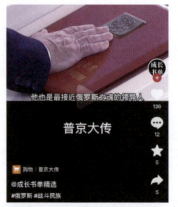

图 4-20

图 4-21

图 4-22

图 4-23

"动感翻书式"书单号视频制作要点

这一类视频由于有动感效果，因此在视觉上要比前面所介绍的各种静态文本展示视频效果好很多。

对于初学者来说，有一定的制作难度。

如果制作技术还不是很熟练，那么可考虑用剪映的书单模板，如图 4-24 所示。用美册 App 的翻页书单功能来制作，如图 4-25 所示。

图 4-24

图 4-25

书单号的多元化变现路径

书单号是不是就只能销售图书？很显然，这个问题的答案是否定的，尤其是对于那些以真人出镜的方式创作视频的账号来说，当书单号有一定粉丝后，出镜的主播就有相当的 IP 形象号召力。在这种情况下，书单号变现途径就有了进一步丰富的可能性。

正所谓爱屋及乌，当粉丝信任短视频主播的时候，那么对于主播所介绍的产品都会给予很高的信任度，因此这样的书单号销售的产品可以更加多元化。事实上在多元化发展道路上，也已经有了很多成功的实践者。

例如，图 4-26 ~ 图 4-28 所展示的是 3 位图书销售行业的领军人物，从销售商品的分类可以看出来，虽然图书音像提供了大部分销售额，但其他的品类也有很好的销售表现。

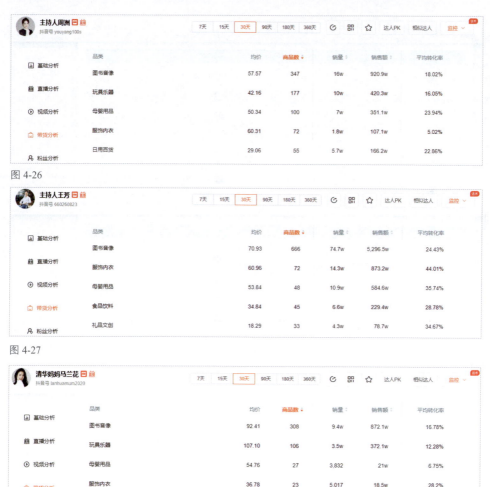

图 4-26

图 4-27

图 4-28

需要特别强调的是，要做出这种多元化发展的一个前提条件，就是书单号的主播有强大的 IP 号召力，否则就可能被粉丝诟病为"割韭菜"。

值得学习研究的 44 个图书卖货账号

无论是哪一种书单号，最终的目的都是为了销售图书，所以笔者在抖音数据平台上依据图书销售进行排序，找到了以下账号，如图 4-29、图 4-30 所示。

考虑到许多新手在做书单号时，通常不直播，因此，笔者在筛选这些账号的时候，依据的是视频带货销售数据，而不是直播带货数据。

各位读者通过分析这些账号，一方面可以了解图书销售天花板，另一方面也可以学习图书销售大号的运营策略和技巧，同时还能够知道销售量比较高的是哪些图书，介绍这些图书的时候，应该着眼于哪些卖点，介绍图书哪些特点，自己制作视频的时候，也会更加有的放矢。

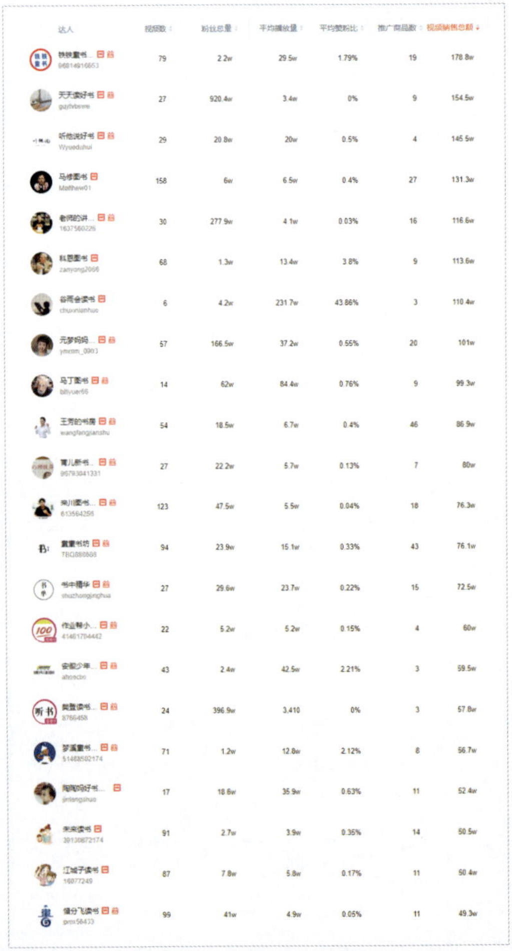

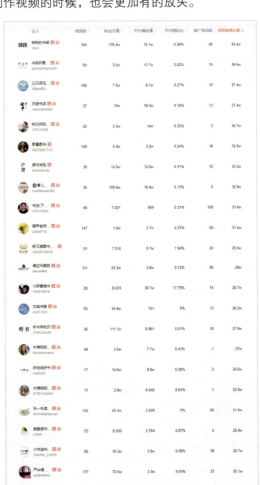

达人	视频数	粉丝总量	平均播放量	平均赞粉比	推广商品数	视频销售总额
铁铁童书... 96814916653	79	2.2w	29.5w	1.79%	19	178.8w
天天读好书 guyhvbswe	27	920.4w	3.4w	0%	9	154.5w
听他说好书 Wyuedushui	29	20.8w	20w	0.5%	4	145.5w
马修图书 Matthew01	158	6w	6.5w	0.4%	27	131.3w
老师的讲... 1637560226	30	277.9w	4.1w	0.03%	16	116.6w
林恩图书 zanyong2066	68	1.3w	13.4w	3.8%	9	113.6w
谷雨会读书 chuxnianhuo	6	4.2w	231.7w	43.86%	3	110.4w
元梦妈妈... ymmm_0903	57	166.5w	37.2w	0.55%	20	101w
马丁图书 billyuer66	14	62w	84.4w	0.76%	9	99.3w
王芳的书房 wangfangjianshu	54	18.5w	6.7w	0.4%	46	86.9w
育儿新书... 96793041331	27	22.2w	5.7w	0.13%	7	80w
米川图书... 613564256	123	47.5w	5.5w	0.04%	18	76.3w
童童书坊 TBQ888888	94	23.9w	15.1w	0.33%	43	76.1w
书中精华 shuzhongjinghua	27	29.6w	23.7w	0.22%	15	72.5w
作业帮小... 41461704442	22	5.2w	5.2w	0.15%	4	60w
安般少年... ahoacbo	43	2.4w	42.5w	2.21%	3	59.5w
樊登读书... 8766458	24	396.9w	3,410	0%	3	57.8w
梦溪童书... 51488502174	71	1.2w	12.8w	2.12%	8	56.7w
陶陶妈好书... jintengshuo	17	18.6w	35.9w	0.63%	11	52.4w
米来读书 39130872174	91	2.7w	3.9w	0.35%	14	50.5w
江城子读书 16077249	87	7.8w	5.8w	0.17%	11	50.4w
傻分飞读书 pms58433	99	41w	4.9w	0.05%	11	49.3w

图 4-29

达人	视频数	粉丝总量	平均播放量	平均赞粉比	推广商品数	视频销售总额
铁铁的书屋 xiron	194	176.4w	10.1w	0.36%	49	43.4w
书品轩童... guangdongshu82	59	3.5w	12.7w	2.02%	15	39.5w
三只河马... XMandDL	108	7.5w	8.1w	0.27%	19	37.4w
亦枫书店 xiaoyushudian	37	13w	18.3w	0.15%	13	37.4w
林三妈妈... 278474586	22	5.5w	14w	0.35%	2	36.7w
萝卜图书 59370501774	129	5.4w	3.2w	0.24%	18	35.5w
读书发现 dushufaxian	39	14.5w	12.8w	0.31%	10	33.2w
育儿... yuerfenxiang88	30	109.6w	16.8w	0.13%	5	32.9w
书芬(下... rsf1512842	85	7,021	569	0.31%	156	31.6w
葫芦老师... czbp0718	147	1.8w	2.7w	0.23%	20	31.5w
新又微图书... 29330700919	91	7,318	9.7w	1.94%	20	29.9w
得迈书屋院 demai999	111	23.3w	3.6w	0.12%	99	29w
小研爱读书 Y63316879	29	8,633	38.7w	17.79%	15	28.7w
文城书房 GGG.XSZ	93	34.6w	751	0%	13	28.2w
听书学知识 2165320349	36	111.1w	8,991	0.01%	18	27.9w
木棉妈妈... Mumianmama	48	3.5w	7.7w	0.43%	1	27w
听他说好书 cwjd329	17	14.6w	8.8w	0.28%	2	26.6w
木棉妈妈... 67591124594	11	2.8w	6,040	0.04%	1	22.5w
乐一乐读... dushubajingxuan	142	25.4w	2,928	0%	80	21.9w
樊登读书... ycdsh	53	6,930	2,764	0.87%	5	20.9w
小林选书... Teacher_Lin555	82	16.3w	3.6w	0.08%	36	20.7w
严air康... yanjunwine	177	72.5w	3.3w	0.04%	27	20.1w

图 4-30

需要特别指出的是，笔者在搜索这些账号的时候，加入了筛选关键字“书”，这意味着如果某一个以图书销售为主的账号名称上没有书，那么就无法进入排行榜，这种搜索方法可能会遗漏一些以图书销售为主的大号，但准确度会更高一些。

第5章

探店号及团购达人微创业
实操及 100 个对标学习账号

同城号与探店号

什么是同城号

同城号是指视频内容定位于某一个城市，介绍城市各类消费场所或服务行业门店、同城交友、招聘相关信息，此类抖音号的目标粉丝群体局限于某一个城市，因此被称为同城号。

另外，根据创作者的不同，同城号还可以分为商家号与达人号，顾名思义，商家号就是商家为自己制作的宣传类抖音账号，此类账号通常是蓝 V 账号。而达人号则是用于宣传各类商家的个人账号。

同城号与探店号的联系

实际上，探店号是同城号的一个分类，但由于探店号变现路径明确，上手容易、见效快、相关信息丰富，因此许多新手以为两者是相同的。

同城号的七大方向

根据一个城市的商家资源，创作者可以在以下领域尝试。

同城美食探店号

同城美食探店号是目前同城号的主要形式，也称为探店号，由于变现方式成熟，商家接受程度高，因此，是希望进入同城号领域创作者的首选，也是本章主要讲解的探店号类型，如图 5-1 所示。

图 5-1

同城儿童教育探店号

"双减"政策发布之后，许多非 K12 类型的儿童教育机构迎来大发展，如果对儿童教育有较深研究，有一定的心得，可以在讲解儿童教育类知识的同时，将介绍同城儿童教育类机构作为一个商业变现的途径。这种同城探店号需要创作者树立可信的人设。

同城脱单号

目前，一线城市的单身群体非常庞大，但社交途径比较缺乏，因此采取线上报名、线下聚会的方式来获得商业变现是可行的。

同城宠物号

目前，职场大多数年轻人在下班后身心俱疲，回到家与可爱猫狗玩耍成为一天之中最解压的生活方式。围绕宠物的产业链也迎来了高速增长期。

2020年，中国宠物市场规模规模为2953亿元，预计到2023年，市场规模将达到5928亿元。目前，在抖音上以宠物为主要创作内容的，百万级、千万级账号已经有很多，并通过出售宠物及相关产品、服务，获得了较好的收益。因此，这也是一个非常好的同城号切入点。

同城中老年相亲号

我国作为世界人口排名第一的大国，老龄化已经越来越严重，60岁及以上人口占全年总人口的18.70%，这个数据表明，我国已经进入了轻度老龄化阶段，并会在2025年达到中度老龄化阶段。2020年我国银发经济规模已达5.4万亿，2021年升到了5.7万亿，在2022年将轻松达到6万亿。

因此，服务于中老年的抖音号，将迎来难得的商业机遇。可以通过线上的视频内容吸引同城中老年人，在线下举办相亲、讲座、聚会、团购等形式获得收益，如图5-2所示。

同城二手奢侈品号

与其他的二手流通商品不同，二手奢侈品由于价值昂贵，因此在交易的时候，面临着信任度的问题。所以，很多二手奢侈品交易双方都愿意采取线下交易的方式。

二手奢侈品同城号可以在树立人设，打造信任感后，采取低收高卖的形式获利，如图5-3所示。此外，还可以做二手奢侈品的维护保养，以及买卖双方的居间服务。

同样的思路也适用于二手汽车、房产交易。

同城旅游号

在疫情的影响下，长途旅游需求被大大抑制，但城市周边的短途旅游却迎来了难得的黄金时代，以北京为例，每到周末及小长假，周边的民宿都是处于一房难求的状况。

因此，创作者可以将精力投入到周边旅游景点、民宿及娱乐休闲场所的介绍方面，如图5-4所示，这个变现思路与做同城美食探店号是一样的。

图 5-2

图 5-3

图 5-4

探店号变现的 3 大优势

之所以很多创作者选择做"探店号"，主要是因为以下三大优势。

同城流量支持

"探店号"属于"同城号"中的一种，自带"同城流量"加持。因为所有添加了"店铺位置"的视频，抖音都会向该位置周围的部分抖音用户进行推送。

同城流量相比泛流量，其优势在于，即便是新号也几乎不会出现无效流量。所谓无效流量，即将视频推送给对该内容完全无关的观众所产生的流量。因为只要是同城，收到该视频的观众最起码知道自己所在的城市有这么个店铺或者这么个地方，多少起到了宣传的作用，流量是有效的。

也正因如此，"探店号"的视频无需粉丝积累，在起初的视频中就很有可能出现爆款。

广告与"干货"完美结合

在笔者看来，"探店号"的最大优势在于可以让广告与"干货"内容完美结合。因为探店视频的价值点就在于发现不为人知的好吃、好玩的地方，其内容本身不可避免地带有宣传属性，这点与广告高度相似。

做探店视频不像做教育类或者泛娱乐类内容，当给某个产品打广告时，势必会引起观众反感。

因此，一些探店视频，即便是接的广告，只要该店铺或者地点确实有特点，并且拍出来的视频确实有吸引力，也有可能出现爆款。图 5-5 所示的探店广告视频，就得到了 3.8 万的点赞和 2353 条评论。

图 5-5

更容易接到广告

探店号做到具有一定流量后，不需要主动联系商家，或者通过"带货"的方式赚取佣金，而是商家自己会找上门，寻求商务合作，所以探店类账号很容易接到广告，无形之中省去很多接商务的成本。

另外，还可以与同城的公众号或者 MCN 机构进行合作，他们手中会有一些商家资源，从而不用担心出现没有广告可做的情况。一般给合作公众号或者 MCN 机构 20%~30% 的佣金就可长期合作。提供的广告量大的话，还可以谈包月及超量返点等，实现双赢。

5 种不同的探店内容创作思路

探店号的内容虽然都是表现店铺提供的食品或者服务，以及各种游玩项目，但创作思路上却会有些区别，并可以归类为 4 种。

记录探店过程

最常见的探店类视频创作思路就是将整个探店过程记录下来，然后通过后期剪辑，将整个过程浓缩为一段几十秒的短视频。在视频中可以加一些自己在探店时的感受，例如，哪个菜品最合自己胃口，哪个项目玩得最高兴等，进一步增加探店类视频的价值。

另外，注意不能纯粹夸赞，要加入一些"美食评鉴"的内容，不但要说好吃的地方在哪里，还可以说一下不好吃的地方，这样更显真诚，让观众相信你的推荐是真心的，如图 5-6 所示。

拍摄店铺背后的故事

对于一些老字号店铺，可以尝试挖掘一下店铺背后的故事，甚至可以找到老板聊一聊店铺的历史，或者与店铺的员工聊一聊他们生活中的酸甜苦辣，使视频的内容更有温度，也更容易打动人。"故事"的呈现方式，可以是创作者自己边走边聊，也可以采用"访谈"的形式和店铺人员进行面对面的交流。

让探店也有"剧情"

在探店的过程中加入剧情，虽然会减少对店铺情况的介绍，但能够让视频更有趣，并增加吸引观众的点。同时，如果观众在看剧情时无意发现了作为"背景"的店铺，那么反而会让宣传更有效。

通过"图文"表现探店内容

抖音正在大力推广的"图文视频"其实也适合探店类内容的创作。只需要实地拍摄些照片，或者直接从大众点评、美团等 App 上下载照片，然后配上一小段文字，就可以作为一个探店视频发布，如图 5-7 所示。这种方式的成本是最低的，所以也导致很容易被模仿。因此，需要在短时间内发布大量此种类型的视频，通过"数量"去争取出现爆款，进而成功变现。

图 5-6

图 5-7

藏宝探店

藏宝是一类比较特殊的探店视频制作形式。创作者通过视频告诉观众，将会在某个地方藏匿有一定价值的物品或金钱，如图 5-8 所示，将同城观众吸引到指定的店家。

在抖音中以"藏宝"作为关键词进行搜索，可以找到许多相关用户，如图 5-9 所示。

这样的账号除了可以宣传同城商家，还可以通过介绍藏匿的物品宣传产品，如图 5-10 所示，所以变现的途径更广一些。

图 5-8

图 5-9

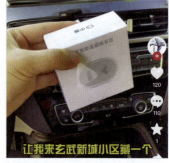

图 5-10

探店号的难点

了解探店类账号的难点，可以让创作者提前做好遇到困难的准备。另外，也可以权衡自己是否适合做探店号。

团队人员流动大

探店号的门槛不高，所以有许多探店号是团队化批量操作。也正是由于门槛不高，所以导致新人在掌握 SOP 系统，即"标准作业流程"后，自己辞职单干。

收益不稳定

对于一线大城市来说，由于商家资源非常庞大，因此，只要创作者运营得当，客源几乎是源源不断的。但对于三四线的小城市来说，由于商家资源有限，因此，可能会面临客源短缺、收益不稳定的问题。

内容质量不稳定

观众之所以会关注一个探店号，是因为可以从中找到好吃的、好玩的，并且性价比高的门店。当探店号逐渐做起来之后，上门主动寻求合作的商家越来越多，就有可能因为贪图高收益而降低选店的标准，导致推荐的店面其实没那么好吃，没那么好玩。渐渐地，视频流量就会呈下降趋势，最终沦为一个无人问津的"营销号"。所以，如果想长期发展，就要学会适当拒绝广告，并保证广告类的探店视频占比不能超过 60%，让门店整体质量维持在一个较高的水准。

探店视频从制作到发布的 4 个步骤

一个探店视频从准备拍摄到发布往往要经历这 4 个步骤。

选择并联系门店

从大众点评或者美团中寻找目标门店，并通过电话与之联系，询问是否接受到店拍摄探店视频。建议优先选择新开的门店，因为此类门店去过的人少，容易引起观众"尝鲜"的心态。同时，到这里探店的达人也不多，做出的内容更容易营造差异化。打开大众点评，在筛选中选择"新店"，如图 5-11 所示。

图 5-11

到店录制视频

录制视频之前最好规划一下拍哪些画面，说哪些话。专业点的说法就是准备好分镜头脚本和文案。到店后就可以按照计划，拍摄各个画面。如果一个人拍摄，需要准备好三脚架。有另外一个人的话，拍摄就会轻松很多，在这个过程中一定不要忽视灯光，合适的灯光是提高画质的有力保障，最好使用便携的，可以手持使用的补光设备。

剪辑视频

将录制好的素材通过剪映或其他后期软件整合到一起。以文案为依据，说到哪里就配上相应的画面即可，然后设置字幕，为视频起标题，再做一个漂亮的封面就可以准备发布视频了。

发布视频

发布探店视频的关键，就在于要添加所探门店的"位置"，具体方法如下。

（1）点击"添加位置/门店推广"选项，如图 5-12 所示。

（2）选择"门店推广"，搜索门店名称。此处以"能仁居鲜肉火锅"为例，点击即可添加该门店，如图 5-13 所示

（3）添加后，就可以在发布的短视频中看到其链接，如图 5-14 所示。

图 5-12

图 5-13

图 5-14

制作探店视频的 9 个要点

善用 4 段式结构做视频

常规的探店视频通常采取四段式结构来进行拍摄，以美食探店为例。

第一段交代去什么地方，吃什么，价格如何，以及去此地原因，比如，可以是朋友介绍。

第二段用特写镜头表现餐馆的特色菜及相关菜品的价格。

第三段评价整体餐馆的环境、人流状况，以及菜品味道。

第四段引导观众购买团购达人优惠券，或点赞保存视频用于下次寻找美食。

爆点前置

无论是介绍商家的店铺、服务还是产品，一定要从中找出最有可能吸引粉丝的引爆点，所以在这方面一定要打造文案的黄金前三句与画面的黄金第一眼，视频绝对不能是流水账。

关键镜头

拍摄视频时要注意挑选店铺人多排队的时间点，并且要拍摄价格单。表现环境时，可通过广角镜头扩大空间感，这些都属于比较关键的镜头，不同的店铺可能还有属于自己的关键镜头，需要创作者挖掘，例如，有些店铺有留言、照片墙、可爱宠物或有历史感的老招牌，都可以在镜头里表现出来。

现场声音

制作视频时，真实的场景加上现场人声鼎沸的声音或者现场食材制作的声音，例如，食材下锅、烧烤滋滋冒油的声音，使视频更加真实。

这样的声音也可以在后期通过音效库或相关音乐素材库添加到视频中。

真人出镜

真人出镜有助于确立账号的人设，但由于各种原因，无法真人出镜，就一定要在拍摄的运镜、调色、音乐方面要有突出的地方，或者加入旁白制作，类似"舌尖上的中国"式视频。

不要出现品牌

任何品牌的标志都不要出现在画面中，否则很容易被限流。因此，要通过调整拍摄角度来避免服装、场景中的标志，确实无法避免的，在后期进行遮盖或模糊处理。

不要出现路人正脸

为了避免不必要的麻烦，可对路人的正脸打马赛克，或者剪掉有路人正脸的片段。

不要出现促销信息

餐馆内的活动海报，菜品上的促销价签等任何与"诱导消费"相关的元素都不要出现，另外，类似"不来就吃亏了""太便宜了"等口播也要一律避免。

加入搜索词

要在封面、字幕、文案、口述、简介、标题等位置添加地域或相关门店，以便于抖音通过算法精准推荐。在写标题时，一定要添加同城话题、同城行业话题，例如，#老北京烧饼如图 5-15 所示。

图 5-15

商家如何做同城号

对于商家来说，除了依靠达人推广自己的商业店面，还建议每一个商家都开通自己的同城号，甚至是同城矩阵号。

商家同城号的益处

这样做有以下几个好处。

首先，在宣传内容的自由度上更高，例如，可以开启全天24小时的直播，以便于消费者全方位了解商家。

其次，吸引连锁店或者加盟店，形成规模化经营，图5-16所示为一家吸引加盟的密室逃脱公司。

最后，通过学员获得收益。例如，图5-17所示的火锅店，除了正常经营，还招收外地的学员。

商家同城号设置要点

下面是商家开通自己的同城号需要注意的几个设置要点。

（1）用营业执照开通蓝V账号。

（2）在账号主页点右上角3条杠，先点击"设置"，再点击"隐私设置"，最后打开"同城展示"的开关。这样才能够确保你的视频，优先推送给地理位置上距离你最近的用户。

（3）点击"在线状态"，将这个选项设置成为开启。当粉丝刷到视频的时候，如果希望进一步做私信沟通，在私信的页面右上角会显示绿色的在线状态示意图标，这有助于提高粉丝的沟通意愿。

（4）将"谁可以私信我"选项设置成为"所有人"，以确保所有浏览者都可以在线与商家进行沟通。

（5）如果用于登录商家抖音账号的手机通讯录人数非常多，要关闭"把推荐可能认识的人"选项，因为抖音会优先把视频推荐给通讯录中的人，如果这些人对商家比较熟悉，可能会快速滑走，这就会影响抖音对于商家视频内容质量的判断。

（6）将"关注和粉丝列表选项"设置为"私密"。

当完成以上设置后，即可正常拍视频，上传视频，进行宣传。拍视频、找选题、文案撰写、封面制作等相关知识点，可以参考本书前面的章节。

图 5-16

图 5-17

开通"团购达人"赚取佣金

"团购达人"其实属于"视频带货"中的一种。因为其所带货品只能是门店的服务，在实操上与"探店号变现"更相似。

认识"团购达人"

在抖音没有"团购达人"的时候，探店号几乎只能靠广告费获得收入。而"团购达人"权限，可以让创作者不但赚取探店的广告费，还可以根据卖出门店的"套餐"或者各种"券"的数量获得佣金。

例如，如果创作者接到一个报酬是 6000 元餐厅的广告，那么创作者在开通团购达人的情况下，观众点击视频左下角"地址"后购买如图 5-18 所示"餐券"后，如果到店使用了这张餐券，平台就会根据商家设置的佣金，返现给发布这条短视频的探店达人，从而实现一举两得，既赚了广告费，又赚了佣金。

一旦出现爆款视频，在商家提供的"高性价比餐券"足够多的情况下，达人获得的佣金收益可能比广告收益还要高。

图 5-18

开通"团购达人"的方法

（1）打开抖音搜索"团购达人"，并点击界面上方图片链接，如图 5-19 所示。

（2）在满足粉丝数 ≥ 1000 人的情况下，点击"申请团购带货"，如图 5-20 所示。

（3）出现图 5-21 所示界面即开通成功。

图 5-19

图 5-20

图 5-21

发布团购视频方法

与拍摄探店视频可由达人自选商家不同，如果要赚取团购佣金，需要在抖音指定的商家里选择，方法如下。

（1）在抖音中点击"我"—页面右上角三条杠—创作者服务中心—全部分类—团购带货，进入图5-22所示的界面。

（2）点击"探店赚佣金"右侧的小箭头，进入如图5-23所示的页面。在此可以按总销量、自己擅长拍摄的视频类型等条件选择商家。

（3）寻找商家时，一定要点开团购优惠列表，查看具体优惠金额，例如，图5-24所示为笔者选择的"南门四季涮肉"店的优惠，其中有一个低至4.8折的双人餐优惠，因此值得选择。

（4）选好商家后，即可开始拍摄创作视频，并在手机端发布视频时，点击"添加位置/门店推广"如图5-25所示。

（5）在添加位置及门店的页面，选择第2步找到的商家，如图5-26所示。

按上述步骤操作后，发布的视频地址后面，则会显示"限时团购"，如图5-27所示。

当观众点击此地址后，会看到此商家提供的团购优惠，如图5-28所示。

图 5-22

图 5-23

图 5-24

图 5-25

图 5-26

图 5-27

图 5-28

值得学习借鉴的优秀探店账号 100 个

　　一个判断探店账号是否优质的简单方法，就是看账号的视频平均播放量，只有高播放量才能为店家带来大客流，也才能大量销售团购优惠券，因此，笔者在抖音数据分析平台上，按粉丝量进行筛选并按视频平均播放量进行了排序，在全国范围内找到了以下值得新手学习借鉴的账号，如图 5-29 ~ 图 5-32 所示。

粉丝量 1 万至 10 万的优质探店号

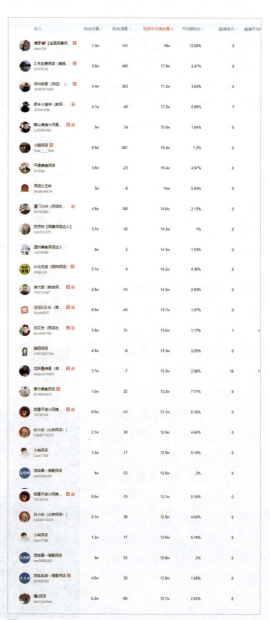

图 5-29

图 5-30

粉丝量 10 万至 100 万的优质探店号

达人	粉丝总量	粉丝增量	视频平均播放量	平均赞粉比	直播场次	直播平均
二龙湖帅涛(探店教父) shuaitao1314	35.1w	2,520	129.1w	7.59%	13	
万里有点胖😊探店 59102885	38w	306	100.3w	2.48%	0	
成都探店 ChengDuTanDian77	100w	-202	98.6w	0.63%	0	
大白【良心探店】 dabai103	14.4w	381	70.3w	3.77%	1	1
广州街拍春（吃喝... mm321889	14.6w	131	69.3w	2.19%	0	
玩转衡阳（探店） wanzhuanhengyang	41.8w	-283	67.3w	1.51%	5	2
太阳探店Plus 622236248	86w	532	56.3w	0.54%	0	
小宛探店 1972701828	17.6w	-19	56w	0.76%	0	
睡量人探店 sxld2020	26w	2,209	50.4w	0.78%	0	
名侦探店 Zy6665201	18.1w	-37	47.1w	1.44%	0	
麻豆CP情侣探店 zxs19960518	26w	-19	46w	1.52%	0	
小河流探店 183655727	14.2w	-105	42.2w	1.69%	0	
通辽探店 Rdtongliao	46.1w	-30	40w	1.36%	0	
探店杭城 hzms123654	30.9w	-52	36.5w	1.33%	0	
哈尔滨蟹妹儿（... xuanmeichibubao	24.3w	295	35.6w	1.1%	0	
鸿哥探店 yhtd9023	22.2w	-15	35.6w	0.5%	0	
茂名森哥探店 mmsg88888	13.7w	-34	35.4w	1.45%	0	
淮水探店小肥羊 lsxfy777	10w	-976	34.9w	1.06%	0	
小曼探店 dxy886066	36.4w	-102	34.4w	0.56%	1	1
胡老师-探店达人 HYJ19881201	35.9w	-841	34.3w	0.68%	20	
探店济南 tandianjinan	80.3w	-3	31.9w	0.34%	27	2
龙哥探店 leesendy888888	10.1w	-390	31.2w	0.96%	0	

图 5-31

达人	粉丝总量	粉丝增量	视频平均播放量	平均赞粉比	直播场次	直播平均
左右探店哈尔滨 140876524	10.3w	-74	30.4w	1.81%	0	
秋小鱼探店记 qxy5188888	15w	-8	29.9w	1.6%	0	
小伊呀探店 xiaoyiya777	26.2w	-13	29.4w	1%	2	3
深圳探店 105886556	83.3w	-84	28.7w	0.56%	0	
辉煌探店王 LHHZB6	53.8w	-10	28.4w	0.42%	0	
宜春探店 CN0795	21.5w	-28	26.9w	0.58%	0	
马王堆堆花（... 838201699	14.1w	11	25.6w	0.81%	2	5
临沂探店小分队 linyitandian	61.4w	-147	25.2w	0.38%	4	2
俊少爺探店 jsy9586	14.5w	-12	25.2w	0.82%	0	
Jenny旅行探店 Vlog2588	57.4w	-132	25.1w	0.46%	0	
青岛美食探店 QD_99999	35.1w	840	25w	0.57%	0	
达人小帆探店 bjdrtd	23.6w	-598	24.7w	0.84%	0	
小娟的民宿探店... L777778888999	12.8w	-23	23.6w	0.59%	0	
靓仔探店 chengdutandian	32.6w	-33	23.5w	1.03%	0	
振哥探店 lygdg666	24.6w	-15	23.3w	0.63%	2	
探店天中 tdtz168	24w	1,735	23.2w	0.97%	0	
邢台吃喝玩乐（探... Vl6238888	29.4w	-8	23w	1.21%	0	
小野去哪吃（探... ly253333932	10.1w	-15	21.9w	0.95%	2	3
游三探店 ystd8888888888	93.8w	-77	21.9w	0.14%	1	1
吴探长吃喝玩乐... wutanzhang	12.8w	1,253	21.6w	0.6%	1	
东莞美食探店（小薇薇） J1818100	24.5w	-26	20.8w	0.74%	0	
成都探店 990802hh	41.7w	-40	19.7w	0.44%	0	
wutanzhang						
东莞美食探店（小薇薇） J1818100	24.5w	-26	20.8w	0.74%	0	
成都探店 990802hh	41.7w	-40	19.7w	0.44%	0	
小帅探店 xstd2o2o	49.9w	799	19.6w	0.2%	0	
余先生探店 yxstd777	13.1w	59	19.2w	2.12%	0	
福州超人探店 FZchaoren	17.8w	2,816	18.7w	0.97%	0	
杭州戏精探店 1216273700	32.8w	-49	18.6w	0.93%	0	
沈阳探店团 sytandian	43.4w	-41	18.1w	0.41%	0	
花都杨氏牛奶妹... huadouyangshi	32.3w	177	17.2w	0.26%	0	

图 5-32

查找本地优秀探店号方法

在前面的章节中笔者列出来的是全国范围内的优质探店账号，如何要查找本地优秀探店达人的账号，可以按下面方法操作。

在抖音中点击"我"一页面右上角三条杠—创作者服务中心—全部分类—团购带货，进入"团购带货"界面，点击如图 5-33 所示"团购达人榜"右侧的"完整榜单"。

在此即可看到根据前一天带货多少的探店账号排行榜，如图 5-34 所示。

图 5-33

图 5-34

此外，还可以点击"达人飙升榜"及"全国"标签，可看最近上升比较快的账号及全国榜单，如图 5-35、图 5-36 所示。

图 5-35

图 5-36

点击"团购达人榜"文字下方的"查看全部优秀带货达人"，可显示完整榜单，并在此页面上切换城市，或筛选达人，如图 5-37、图 5-38 所示。

图 5-37

图 5-38

第 6 章

中视频计划微创业实操及 8 个方向 120 个学习账号

认识中视频伙伴计划

中视频伙伴计划是由西瓜视频发起的，可以将一条大于 1 分钟时长、横屏拍摄的视频同时分发到抖音、今日头条和西瓜视频，从而简化创作者的操作，并享受 3 个平台的播放流量分成。该计划虽然由西瓜视频发起，但是在抖音中参与该计划，并通过指定方式发布视频后，同样可以实现内容自动同步到今日头条和西瓜视频，赚取相应的流量收益。

理解短视频、中视频和长视频的区别

从视频长度进行分析

虽然国内的短视频平台对短视频时长的限制大多在 15 秒 ~15 分钟。但事实上，从观看的感受来判定，1 分钟以内的视频更适合被称为"短视频"。

中视频的时长虽然一直没有明确，但西瓜视频的总裁任利锋认为，中视频应该定义在 1~30 分钟之间。考虑到 1 分钟以内为短视频，那么中视频自然要求在 1 分钟以上，同时 30 分钟又要比电视剧或者电影这种传统"长视频"要短，所以目前对 1~30 分钟为中视频的说法是普遍认同的。

最后则是长视频，其在时长上的限定自然就是 30 分钟以上了。

从表现形式分析

绝大多数的短视频以竖屏为主，这更符合观众刷短视频的习惯，如图 6-1 所示，而中视频和长视频则因为播放时间较长，并且在电视和电脑上播放的情况相对更多，所以更适合以横屏进行展示。

从内容进行分析

由于大部分短视频的特点表现为简单、快节奏，所以其内容以搞笑、娱乐、生活为主。

而中视频由于内容量更大，可以完整阐述创作者的想法、观点，所以有很多科普、知识性内容。同时，内容质量、制作时间和专业要求相对于短视频来说更高。

长视频的内容则多为综艺、影视剧等，对比上述两类视频，它的内容以剧情为主，有完整的故事主线，而且质量更好，制作时间更长，专业性要求也是最高的。

图 6-1

从生产者角度进行分析

大部分短视频都是创作者一人制作的，制作花费的时间和成本都比较低。长视频的生产者则更多是专业的机构，内容质量更高，制作所用的时间和成本都要远高于短视频。中视频则介于二者之间，部分中视频由团队制作，但其难度与长视频相比还是要小不少。中视频往往要求内容创作者的专业水平更高一些，这样才能将内容讲得清楚、透彻。

加入中视频伙伴计划的操作方法

中视频伙伴计划需要手动申请加入，具体操作方法如下。

（1）进入抖音，搜索"中视频伙伴计划"，点击界面上方卡片，如图6-2所示。

（2）点击界面下方，立即加入，如图6-3所示。

（3）绑定与抖音一同加入计划的"西瓜视频"账号，点击界面下方"一键绑定"，如图6-4所示。当在已登录的抖音上发布中视频后，将自动同步到此时已绑定的西瓜视频账号上。

图6-2

图6-3

图6-4

（4）输入创建西瓜视频账号时的手机号，填写验证码后，点击"授权并登录"，如图6-5所示。

（5）此时即完成加入中视频伙伴计划的申请，但要想正式加入该计划，则需满足以下2个要求。

» 至少发布3个原创横屏视频。

» 视频累计播放量达到17000，如图6-6所示。

需要注意的是，只有通过此步骤进入"中视频伙伴计划"发布的中视频，才能享受流量收益。

图6-5

图6-6

进入后台查看中视频伙伴计划数据

加入中视频伙伴计划后，即可通过抖音后台查看视频播放数据及收益，具体方法如下。

（1）登录抖音后台，点击界面左侧内容管理分类下的"视频管理"选项。此时在界面上方会出现"中视频伙伴计划"，点击右侧"去查看"，如图6-7所示。

（2）此时会跳转至"西瓜视频"后台，并看到总收益——"西瓜总收益"和"抖音总收益"，如图6-8所示。

图6-7

图6-8

（3）点击界面左侧导航栏"内容管理"选项，即可查看已发布内容，并对评论、点赞等进行管理。需要注意的是，加入中视频伙伴计划，不意味着所有视频都必须同步到今日头条、西瓜视频和抖音3个平台。图6-9所示的3个讲解图片后期的视频，当其在抖音展示时，如果以竖屏方式观看，则界面比例会很小，观众根本无法看清具体操作，这样的视频发布在抖音，不会获得较高流量，所以这3个中视频仅发布在适合横屏观看的西瓜视频。

图6-9

（4）点击界面左侧导航栏"数据分析"，选择界面上方的不同选项，即可查看视频的"概览""播放分析""互动分析""粉丝分析""权益分析"共5大数据页面。图6-10所示为"概览"页面，可查看播放量、评论量等数据。

图6-10

中视频伙伴计划收益相关的 6 个关键点

从总体上来说，中视频伙伴计划是通过视频播放量计算收益的，但收益计算方法是不透明、不固定的，而且动态变化，所以新手有必要通过以下 6 个关键点更好地理解收益计算原则。

根据视频时长进行动态变化

通常，视频时长越长，流量分成的单价（每万播放量收益）越高。因此，视频时长为 1~5 分钟的视频，其单价会比 15~20 分钟的单价低；而 15~20 分钟的视频，其单价会比 20~30 分钟的视频低。

这是因为大多数情况下，时长越长的视频，制作难度越高，而且势必会影响完播率，所以提高单价，可以激励创作者制作中长视频。

当然，笔者建议各位尽量把时长控制在 10~20 分钟，这样既能提升一定的单价收益，又较容易保持一定的完播率，属于在"中视频伙伴计划"中，性价比较高的视频时长选择。

例如，图 6-11 中位于上方的视频，仅 2 个获利播放量，就达到了 3.92 元的收益；而位于下方的视频，共 222 个获利播放量，收益才达到 3.29 元。其原因在于上方视频时长达 19 分钟，而下方视频时长仅 1 分多钟。

根据观众的男女比例进行动态变化

视频标题	总收益/元 ⌄	西瓜创作收益/元 ⌄	西瓜获利播放量 ⌄
为什么许多摄影高手爱用框式构图？如何正确使用框式构图	3.92	3.92	2
如何通过11个不同技法拍摄花卉	3.29	3.29	222

图 6-11

平台会根据该视频观众的男女比例调整流量分成单价。当女性观众所占比例越高时，单价就越高。这是因为从大数据来看，女性的消费能力要明显强于男性观众。

根据完播率进行动态变化

视频的完播率越高，流量单价就越高，这一点与抖音平台短视频推荐逻辑相同。因为完播率在一定程度上反映出观众是否喜欢，需要这类内容，而且一般完播率高的视频，其质量也越高，所以获得平台更多的鼓励也是理所应当的。

根据视频所属领域进行动态变化

视频所属的垂直领域越冷门，其流量单价就越高。因为平台希望内容百花齐放，从而满足更多观众的需求。之所以冷门领域的视频流量单价高，也是为了吸引更多创作者丰富冷门领域的内容。例如，美妆教学、美食探店、生活 vlog 这 3 类视频，内容量是从低到高排列的，那么其流量单价，则属美妆教学最高。

根据视频播放量动态变化

流量单价不是固定的，而是会随着视频播放量的提高而降低，也就是播放量越高的视频，随着视频播放量逐步走高，到最后的流量单价就会越来越低。这对于新加入的内容创作者而言是好消息，即便创作不出十万、百万播放视频，同样有机会获得不错的收益，进而得到激励，在未来创作出更优质的视频。从这一点可以看出，中视频伙伴计划不是那种只要头部账号才能赚到钱的活动，而更多的是为了激励新人，扩大平台的中视频创作者阵营。

根据视频是否是独家发布

独家发布是指创作者发布的内容仅在全字节平台（西瓜视频、抖音、今日头条）独家发布，选择"独家发布"后，创作收益可提升 100%~250%。

需要指出的是，独家发布功能仅面向已经加入头条创作激励活动的部分优质创作人开放，所以新手必须要通过自己的作品向平台证明能力，并在后期联系平台的客服，申请开通，如图 6-12 所示

图 6-12

理解获利播放量

获利播放量是指能带来视频收益的播放量，具体来说，未声明原创视频播放、重复点击产生的播放、播放时长不足 10 秒（包括用户上下滑动页面时，自动播放产生的播放量不足 10 秒）、电脑端播放、异常渠道的播放都不会成为有效获利播放量。

另外，创作者在管理后台看到的播放量也不是获得播放量，而是视频从发布到当前的累积播放数据，此数值每点击一次都会增加。

因此，中视频收益的计算主要与获利播放有关，理论上与播放量无直接关系。

一个提高获利播放量的技巧是多与粉丝互动，因为从平台角度来看，粉丝播放产生的广告收益通常是非粉丝播放收益的 3 倍，平台获利多，则分给创作者的收益也高。

中视频伙伴计划常见的三大问题

为何发布中视频后没有收益？

在申请加入中视频计划时需要完成任务，而任务阶段的 3 个中视频是不会进行收益计算的。任务完成并审核通过后，再发布的视频才能正常累积收益。

申请不通过怎么办？

此时需要在审核不通过后，至少发布 1 篇原创横屏视频，才能在 30 天后再次获得申请加入中视频伙伴计划的资格。获得资格后，需要再发布 3 篇原创视频方能进入审核阶段。

删除或隐藏视频有影响吗？

通过中视频伙伴计划，可以在抖音发布视频后同步到西瓜视频和今日头条。在某一平台删除或隐藏视频时，只影响该平台，不会影响到其他平台。

了解中视频题材分类及播放量

创作中视频第一步就是要了解当前平台上都有哪些创作方向，哪些内容方向的视频播放量高、收益高。

在电脑上登录 https://www.ixigua.com/ 网站，在网站的左侧可以看到 22 个内容频道，如图 6-13 所示。

这 22 个频道中除纪录片、直播、综艺、少儿、动漫、NBA 外，均是创作者可以考虑的创作方向一级分类。

之所以称其为一级分类，是因为某些细分方向并没有列出来，例如，内容为育儿知识的视频就被分在文化频道下。

了解题材分类的意义，除了全方位认识中视频的内容边界，更重要的是通过查看分类，了解不同创作方向视频播放量，毕竟加入中视频伙伴计划的目的是依靠播放量获得收益。

打开不同的频道，浏览不同频道的页面就能够清楚了解不同内容方向视频的播放量。下面图 6-14 ~ 图 6-16 所展示的三张图是笔者分别查看育儿类、美食及军事类视频的局部截图。

虽然，不同分类都是播放量非常高的视频，但通过调查，笔者发现娱乐、政治、军事等方向的内容播放量均值较高。

图 6-13

图 6-14

图 6-15

图 6-16

关于方向选择笔者还必须特别叮嘱一下，创作的时候方向选择出发点，不能完全依据于自己的爱好和擅长，除非依据自己的爱好和特长创作的视频恰好适合于在视频平台展现，能够获得比较好的播放量。

例如，一个会做饭的哲学博士，最拿手的是讲解哲学概念，虽然这一类视频也有一定的播放量，但从获得高收益的角度考虑，就不如多花些工夫在做饭视频上。

这也是为什么现在大部分全职宝妈，虽然学习的专业五花八门，但落实在微创业项目上，都是围绕着育儿、健康、家居进行的。

建议新手考虑的 4 种题材

由于中视频伙伴计划要求内容必须为"原创"，所以，对于很多新手而言，第一个门槛就是不知道该做哪类题材的内容。下面总结出 4 个适合新手的内容创作方向。

生活纪实类

每个人在生活中都有自己的故事，而将这些故事记录下来，就是很好的内容创作方向。这类视频的重点在于真实感，通常的做法是记录工作中遇到的人和事。虽然对于自己而言，每天的工作不是那么有新鲜感，但对于其他人而言，却是从未踏足的领域。

现在官方推出的新版剪映已经具备了模板推荐功能，进一步降低了内容创作门槛。以拍一段装修工人的工作纪实视频为例，只要照着模板拍摄，例如，第一段 10 秒，跟大家说一下今天要去哪里干什么；第二段 15 秒介绍一下这家人的情况；第三段 20 秒说下这家人的要求，做起来有哪些难点。这样就能拍一个真实感很强的原创生活纪实短片，并且很容易做出一个系列，如图 6-17 所示，就是"家居安装米师傅"录制的记录安装过程的视频。

口播类

口播有 3 种常见做法。

第一种是唠嗑形式，比较适合口才好的内容创作者。找自己的朋友，选个热门话题，两人边聊边录，然后从中挑有意思的片段，加上字幕，一条视频就做好了。

第二种是知识输入式，即一个人对着相机或手机讲述知识类干货。图 6-18 所示的账号"羽森说"发布的视频就是典型的通过干货内容吸引观众的类型。

第三种是"念稿"的形式，适合口才一般的内容创作者。提前写好稿子，通过提词器（用手机就行），在录制时照着读就可以了。当然，语气与内容的匹配，以及相应的情绪务必要到位。

图 6-17

图 6-18

影视混剪与解说类

创作影视混剪、解说类视频需要一定文案及剪辑能力，所以门槛比上述两个题材稍高。但此类内容受众广泛，播放量极高，好的电影解说视频播放量轻松可上千万，播放量过亿的视频也并不少见，所以收入也自然不菲，本书第 7 章对此有专门讲解。

剧情段子类

剧情段子类视频由于节奏紧凑、内容搞笑，也能够获得非常高的播放量，其中账号"陈翔六点半"是其中翘楚。对于有一定表演与组织能力的新手来说是一个好的方向。

中视频创作深入学习方法

　　目前在网上有一些中视频伙伴计划培训课程，这些课程收费少则几百，多则上万，但实际上这些课程里面的大部分内容来源于"西瓜创作研究中心"里面的课程，只需要在"西瓜创作平台"后台左侧点击"创作课程"菜单，就可以找到这些课程，如图6-19所示。

图 6-19

　　除了创作课程，"西瓜创作百科"也是一定要看的。在页面的左下方点击"西瓜创作百科"后，新手几乎可以在这个页面中找到所有可能遇到的问题的答案，尤其是里面讲解内容变现及创作收益的部分，更是新手阅读学习的重中之重，如图6-20、图6-21所示。

图 6-20

图 6-21

　　由于各大视频平台规则大同小异，所以在此学习的创作和运营技巧，也可以应用于其他平台。

中视频创作练习方法

中视频伙伴计划要求视频内容必须为"原创"，对很多新手而言这个难度还是比较高的，所以笔者建议在没有形成成熟的创作流程，掌握相关技术之前，可以先通过下面的方法做一些中视频创作的练习。

基本的思路如下所述。

（1）从国外视频类网站上下载最新上传的、无版权的、适合于国内用户观看的内容。

（2）对这些视频内容进行剪辑，配音，配乐。

（3）上传到中视频伙伴计划相关平台。

在这个练习过程中，要注重培养以下几个方面的能力。

（1）练习自己的网感，尽快熟悉中视频伙伴相关平台粉丝的观看偏好。因为每一个视频发布后，观看数据就能够在后台显示，通过分析某类视频观看数据，就可以了解这类视频是否能受观众喜爱，从而为后期原创拍摄打下基础。

（2）由于上面的练习原创度比较低，操作难度不是很高，所以可以向多个内容方向进行练习，同时创建多个账号，最终可以选择数据比较好的账号做重点发展。

（3）在这个过程中要尽快掌握视频编辑、配音、配乐相关操作，并且尽可能积累配音、配乐的相关资源。

（4）在发布视频时，不仅要研究什么时间发布什么样的视频，同时还要了解视频的封面如何创作，掌握起视频标题技巧等相关技能。

通过以上练习，只需要花十天或半个月的时间，就基本上能够独立完成原创内容创作。

如果还认为视频创作太难，那么不妨看一下被中视频伙伴计划官方点名表扬的账号 @ 农民工川哥，如图 6-22 所示，他只用一部手机就实现了中视频伙伴计划月入过万的小目标。

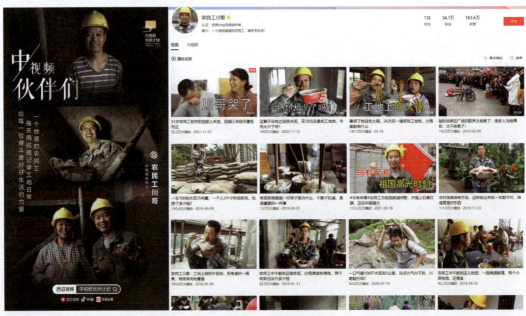

图 6-22

值得学习的 8 个方向 120 个中视频大号

笔者结合西瓜视频排行榜数据，列出了值得新手对标学习的 120 个账号，这些账号均属于是被官方认可的、有播放量证明的实力创作者，如图 6-23 ~ 图 6-30 所示。如果需要定期查看此排行榜，可以在电脑"西瓜创作平台"（https://studio.ixigua.com/）页面，点击"创作者排行"。

图 6-23 Vlog 方向

图 6-24 美食探店方向

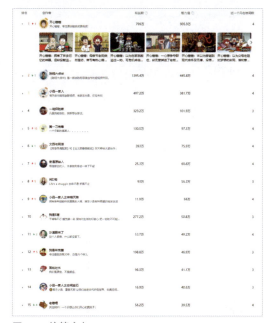

图 6-25 搞笑方向

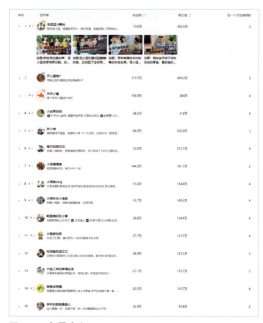

图 6-26 亲子方向

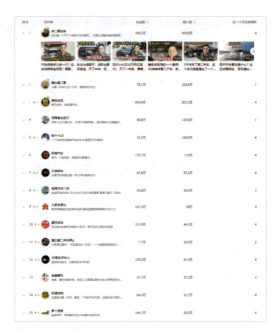

图 6-27 影视娱乐方向　　　　　　　　　图 6-28 汽车方向

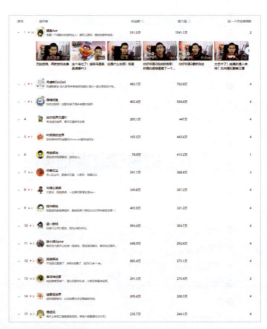

图 6-29 泛知识方向　　　　　　　　　　图 6-30 游戏方向

　　需要特别指出的是，笔者并没有列出时政社会类账号，因为这个领域的流量基本上被各著名的电视评论员或名人把持，而且观看此类视频的观众更信任来自名人的解说及相关信息，因此不建议新手进入这个方向。

第7章

电影解说微创业实操及 66 个对标学习账号

电影解说号变现 6 大途径

此类账号变现主要通过以下 6 个途径。

流量变现

流量变现是此类账号的主要变现途径，制作好视频后，不仅可以在 B 站、头条、网易等平台发布获得流量收益，还可以参加抖音、火山、西瓜等平台的中视频伙伴计划，根据平台不同，万次播放收益在 10~30 元不等。抖音号"名郑言顺"曾经采访过一个不大的电影解说账号，图 7-1 所示为采访过程中创作者展示的一条视频在不同日期的后台收益数据，可以看出来收入还是比较可观的。

图 7-1

售卖相关课程

由于此类账号上手比较容易，有较强的变现能力，因此学习者也比较多。有很多电影解说号都推出与电影解说、影视剪辑、摄影、抖音运营等内容相关的课程，图 7-2 所示为头部账号毒舌电影推出的相关课程。

图 7-2

为电影做宣发

有一定影响力的账号可以承接新电影或者电视剧宣传任务，以毒舌电影为例，其广告报价最高达到 28 万元，如图 7-3 所示，已经完成了近 200 个任务。

图 7-3

售卖电影票

当一个新电影上线后，可以在自己的宣传视频中挂载售卖电影票的小程序，通过出售电影票获得提成，如图 7-4 所示。

为 App 拉新

如果在自己的视频下方挂载应用下载任务，也可以按下载量获得一定的收益，例如，图 7-5 所示的视频推广的是南瓜电影App。

图 7-4

直播卖货

当此类账号的粉丝量达到一定的量级时，账号的自然流量会非常大，这时通过短视频引流来开直播售卖商品，也是当前流行的一种变现方式。

图 7-5

运营影视剪辑号的 4 个关键点

找到账号立足点

当决定去做一个影视解说账号时，务必要明确这个账号主要观影的群体是谁，只有明确这一点，才能让影视剪辑号做得长久。例如，"灰袍真探"主要定位于男性，所讲解的电影也都与罪案、悬疑有关。"硬糖物语"主要定位于女性，所讲的电影也都与情感、励志、剧情类有关。"汤圆小剧场"主要定位于科幻迷，讲解的基本是好莱坞的科幻类电影及电视剧，如图 7-6 所示。

除此之外，还要考虑自己所解说的电影是为了价值输出还是纯粹为了娱乐，出发点不同所吸引的观众层次也截然不同。例如"越哥说电影"就是一个典型的输出个人价值观的账号，如图 7-7 所示，对有一定深度的电影都会做个人的总结和分析，因此，也从众多电影类解说的账号中脱颖而出，在许多平台都名列前茅。

图 7-6

找到电影切入点

一部电影往往包含多条故事线，而每条故事线都可以从不同的角度去解读。在剪辑之前，明确在介绍这部电影时以哪个角度为主，才能让剪辑后的短视频一气呵成，逻辑连贯，同时有自己观点的输出。

例如，在抖音号"毒舌电影"中对《Hello! 树先生》这部电影的二次剪辑中，就将王宝强饰演的树先生与职场中每个普通人的共同之处——渴求存在感，希望被尊重作为切入点，以此引起观众的共鸣。

图 7-7

找到节奏转折点

观影是一些上班族的主要放松休闲方式，但由于其每天奔波于家和公司之间，因此基本都缺少很完整的观影时间，较多的反而是碎片化时间。明白了这个观影场景后，创作者就应该明白影视解说类视频，必须按照"浓缩的就是精华"的原则，使视频有非常强的节奏。凡是电影中冗长的铺垫与对话，都可以删除，每分钟都应该在剧情上有一次大的推进，因此，讲解时需要找到每一个大的剧情转折点，通过不断反转的剧情与吸睛的画面，时刻吸引观众。

找到时长临界点

对新手来说，时长方面控制在 6~10 分钟为宜。当账号有较大粉丝量，创作者有更加娴熟的文案创作技巧与视频剪辑能力时，可放宽时长。为提升完播率要将视频切分成为 2 分钟左右的上、中、下 3 集。

更容易出爆款的选题思路

视频能否成为爆款与电影选题密切相关，可以说选题定"生死"，下面是成功大号都在使用的选题思路。

选择与热点现实事件产生联系的电影

如果最近发生了引发广泛关注的事件，那么选择与之相关的电影进行二次创作是更容易获得高流量的做法，这其实就是前面的章节所讲的蹭热点的具体应用。

在新冠肺炎疫情暴发时，选择与疾病相关的电影如《埃博拉病毒》，就获得了非常高的流量，如图 7-8 所示。

在笔者撰写此书时，正值 2022 年北京冬奥会，此时可以选择一些与冰雪题材相关的电影短视频，如《我，花样女王》《飞鹰艾迪》等。

图 7-8

选择爆米花电影

爆米花电影指的是看起来好看，但实无太多精神内涵的电影，绝大部分商业电影均在不同程度上属于爆米花电影，如漫威系列电影。考虑到大多数人看电影主要是为了打发时间，因此，选择电影解说题材时，此类电影是选题重点。

与大众生活息息相关的题材

什么是与大众生活息息相关的呢？无非是"衣食住行，生老病死"。其中，有两个领域的电影，由于关注者不多，竞争还不算太激烈，所以，具有成为爆款的可能。

青少年教育方面

公众对于"孩子成长""青少年危害"等题材非常敏感。这类电影的二次剪辑视频也往往会受到大量的关注。

例如，"毒舌电影"做过的《起跑线》剪辑视频，其点赞量达到了 443 万次，总播放量达到 5000 万次左右，如图 7-9 所示。该电影讲述了父母为了给孩子争取到一个就读名校的机会，不惜"作弊"，隐藏自己的真实身份，去贫民窟生活的故事。

影片背景虽然是在印度，但却看到了中国教育的影子。而又有哪个中年人能躲得过孩子受教育的问题呢？自然很容易被电影情节所吸引。

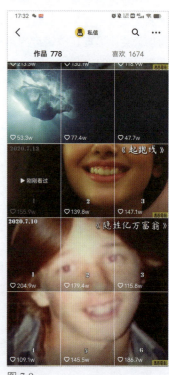

图 7-9

女性安全方面

由于涉及女性安全的电影，不但覆盖了女性群体，还会引起其担忧，进而促进了分享、转发等行为。同时，男性观众也会将此类视频分享给自己的女友、妻子，也就导致了此类电影题材不仅覆盖人群更广泛，还会有非常高的转发率，所以具有成为爆款的潜力。

图7-10讲述了独居女孩儿家中潜入陌生人的电影《门锁》，在压缩为3个短视频后，其中单个视频就达到了127.3万次点赞。

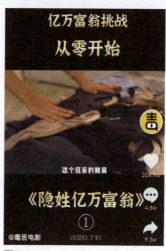

图 7-10

冷门电影可能更容易出爆款

很多影视剪辑号的创作者会有一个误区，认为冷门电影知名度低，自带流量都不高，所以要尽量规避。但实际上一些冷门电影之所以冷门，是因为宣传不足，有些是由于电影类型本身受到的关注就少，如纪实类电影等，而不是因为电影质量比较差，才成为冷门电影的。

所以，高质量冷门电影有时反而由于对很多观众来说有新鲜感，可能成为"潜力股"。

选择冷门电影后，务必挖掘其与现实的联系，探究其背后是否隐藏着社会普遍担忧，以激发观众同理心与同情心。例如，《隐姓亿万富翁》是一部冷门电影，但当其与"白手起家""普通人如何赚钱"这样现实的问题结合在一起时，就能成为爆款。"毒舌电影"将其剪辑为6个短视频，其单个视频就达到了204万的点赞量，如图7-11所示。用事实证明冷门电影一样可以做出爆款。

图 7-11

避开电影讲电视与纪录片

现在讲解电影的赛道，竞争也非常激烈。所以，不少解说账号开始解说电视剧，图7-12所示为一个韩剧的解说视频封面。

相对于电影，好的电视剧也是非常好的选题，而且黏性比电影更高，因此，如果视频解说到位，对于粉丝的吸引比电影更强。

此外，还可以考虑解说优质的纪录片，总之，只要用心就能在竞争激烈的领域找到好的选题。

图 7-12

影视解说文案撰写的6个重点

清晰的故事线

每部电影都有一条主故事线及多条副故事线。创作者的基本功，就是把一部电影的故事线简洁明了地表述出来，这样才能起到压缩时长的效果。

需要强调的是，做电影解说，不一定非要按照电影的开头和结尾来讲。只要符合"讲故事"的基本结构，并能够自圆其说即可。

所谓"讲故事的基本结构"，即"营造悬念—堆砌细节—形成故事—设置阻力—加入转折—高潮与核心—故事收尾"，所以更高明的解说类似于电影编剧，利用电影的素材，重新组织出角度新颖的故事。

换位思考

在撰写文案时，要不断将自己的视角从作者转换为观众，感受一下文案表述、情节推进是否会吸引自己，感受观众在看到这里时的情绪。一旦发现有些无聊，就要对相应的文案进行修改，这就是"换位思考"。

重点前置

无论是创作影视解说类文案，还是创作其他类视频的文案。对于抖音这样一个短视频平台，都需要注意将重点前置，也就是要在前3秒抛出整个视频中最吸引人的引爆点。

绝不可以用"从前有座山，山上有座庙，庙里有个老和尚"这样平铺直叙式的文案表达及逻辑结构。

下面是一些爆款视频的第一句。

一个普通人如何靠两百块钱赚得上亿元资产？你别不信，看完这个电影会颠覆你的认知。

这是一个不到10平方米的房间，小男孩儿自从出生以后，就从来没有走出过这个房间，他以为这个房间就是整个世界。

从未见过如此强悍的火焰巨魔，它一挥手，一片片火焰瞬间就烧毁了人类的军队，为了阻止它毁灭世界，掌管地球和地狱的天神必须来到地球。

所以，新手在进行解说时，不妨将电影中最能够吸引人的情节与画面，放在视频的开头。

反转要频繁

优秀的故事总是能够频繁刺激观众，不断吸引观众涣散的注意力，常用的手法就是情节上的反转。

有反转的故事令人有意外的惊喜感，有回味余长的感觉，更容易获得观众的认可。

所以，在做解说时，最好在每15秒左右就出现一个反转。

句子要精短

冗长的句子虽然能让解说文案显得更有文学功底，但也更容易使观众疲惫，因为长的句子需要更多的思考时间与分析能力，但在观看娱乐类短视频时，观众最不想要的恰恰就是思考，所以，在解说时使用更短的句子，不仅能够让解说词显得更加紧凑，还能够降低观众的理解难度，使其领会解说词的速度更快。

控制字数

解说文稿并不需在太多字，平常人们的语速是200字/分左右，新闻播音速度为300字/分左右。所以，一个7分钟左右的解说文案只需要1400字左右，如果在解说时局部需要播放电影原音，字数会更少。

怎样尽快写出有流量的文案

一个熟练的解说视频创作者，能够在 3 小时左右写出一篇流畅、通顺的解说文案。除了长时间的练习，还需要下面的技巧。

参考电影介绍

在观看电影之前，先阅读几篇介绍电影情节的文章，电影公众号、电影官方介绍、同行视频都是很好的来源。这样，在观看电影时会更容易解构电影的情节。

参考各网站影评

热门电影基本上都可以找到大量影评，如豆瓣、购电影平台等。无论是好评还是差评，对于撰写文案都有帮助。对于好评集中的地方要在解说时突出、强调，对于差评集中的地方，可以直接跳过。

提炼剧中台词

很多影视剧的原台词都很有深意，写文案时可以使用原台词，不仅能让观众感觉文案与画面有一体感觉，还可以提高写作速度。

按固定的模板写作

影视解说是一个以量取胜的创作类型，尤其对于新手来说，并不确定哪一个视频能爆，因此，初期必须通过批量化、流水线式的创作手法来创作大量视频。

其中就包括以固定的模板结构来写作解说文案。

下面是某解说账号的固定结构。

开头：用 3 至 5 句话描述一个反常的事件。例如，一个心脏功能衰竭的亿万富翁，不仅没有死，反而成为抵抗外敌的国家英雄，最终抱得美人归，这一切是怎么发生的呢？

中间：以吸睛的画面配合简洁明快的文案，使观众在 5 分钟左右了解整个故事的来龙去脉，并在视觉上享受到整个电影的精华、高潮画面。

最后：对电影进行简单的总结，并对电影的主题进行升华。关于这一部分的详细讲解，可以参考后面的章节。

选取视频素材的 5 个原则

找到冲突点

任何一部电影一定有矛盾点、冲突点，否则，就会成为一杯白开水，毫无味道。影视解说视频的每个画面，都要去寻找冲突点，这样才能持续"抓住"观众。

找到争论点

通过前面的学习，我们知道在抖音平台，一个视频想要获得较高的播放量，粉丝与视频的互动是非常重要的。所以，在创作影视解说文案时，创作者必须找到并刻意保留电影中可供观众争论的剧情点。

例如，"哔哔叨电影"在解说《我们与恶的距离》时，其中讲解到的一个剧情是，母亲离开看动画片的孩子，独自去喝咖啡，孩子遭遇恐怖袭击。

评论区里出现对这一现象的不同考虑，如图 7-13 所示。这样的争论，无疑使视频的互动指数飙升，从而使视频成为小爆款。

所以，在写作文案时，可以刻意制造一些可供观众争论或吐槽的点，以引导观众进行评论、互动。

图 7-13

运动画面好于静止画面

运动的画面更容易引起人们的关注，也有利于表现完整的情节。所以，从电影中挑选视频素材时，应该尽可能挑选运动画面。并且每个镜头画面不要超过 5 秒，通常控制在 3 秒比较好，从而通过不断变化的画面来吸引观众的注意力。

保持景别的变化

在抖音中经常会看到一些明明是固定机位录制的视频，却通过后期做出很多景别发生变化的效果，其目的就是让视频看起来更灵活，不死板，保持视觉新鲜感。影视解说视频亦然，通过不断切换的景别，可以使画面更灵活。

根据内容调整画面节奏

解说的电影内容不同，画面节奏也要有所变化。例如，解说枪战片、武打片时，自然画面节奏就要快一些，而如果解说的是文艺片，可能每个画面持续的时间就要长一些，从而给观众留出更多思考的时间。

找到新鲜的画面

在摄影中有一个名称叫"陌生感"，是指摄影师要通过专业的拍摄技术将大家熟悉的景物拍出陌生感，从而以距离感产生美感。这一点与视频创作也是一样的，创作者需要从电影视频画面中找到大家都不太熟悉的场景或画面，从而以陌生感来吸引观众。猎奇是短视频平台用户的一大特点，所以，作为创作者有时也不得不投其所好。

在结尾加入总结并升华主题

为什么要升华电影主题

许多人都认为电影是娱乐而不是说教，其实，虽然说"电影能改变人生"好像有些夸张，但不可否认，好电影的确能让人更好地理解世界与生命，这也是为什么有些电影在数十年后仍然具有观影价值的原因。例如，拍摄于1994年，长期居于电影排行榜第一名的《肖申克的救赎》就是这样的典型范例。

所以，在解读这些好电影时，创作者一定要深入理解电影的精神内核，将隐藏在电影中原本晦涩难懂的主题，通过浅显易懂的语言和层层推进的逻辑解释给观众，从而使他们在娱乐之余在文化思想上有所收获。由于对于观众来说，收获是双份的，所以会更加认可创作者，这种主题升华能力也是部分创作者能够从众多影视解说号中脱颖而出的核心竞争力。

升华主题范例

在笔者分析、观察的众多电影解说号中，"越哥说电影"可谓是这方面的佼佼者，下面列举几个他在电影末尾阐述的电影总结，供大家分析、学习。

电影《克莱默夫妇》

丈夫全职主外，妻子全职主内。妻子在个人价值实现与家庭之间挣扎，丈夫在陪伴与家庭经济之间挣扎。双方都很努力，可为什么结果却适得其反。甚至把曾经的深情化成尖刀狠狠戳向对方。有人问，婚姻是什么？我觉得婚姻是互相牺牲，也是互相成全；是互相依赖，也是互相独立；更是站在对方角度去理解对方的双向修行。

电影《飞行家》

什么样的人生，才是完美的一生呢？是爱了很多人，去过很多个地方，还是拥有很多的财富？有人粗茶淡饭，有人玉食锦衣，有人宁静致远，有人披荆斩棘。你羡慕的人生，可能正是别人要逃离的。到头来你就会发现，所有的意义都只跟自己有关，因为完美的人生，从来都不在别人口中，只在你自己心里。

电影《健听女孩》

这个家庭和千千万万的家庭一样，对越是亲近的人，越是难以付出耐心。就像路遥说的，人们宁愿去关心一个蹩脚演员的吃喝拉撒和鸡毛蒜皮，而不愿去了解一个普通人波涛汹涌的内心。我们许多人，往往要用很长的人生经历才能明白，家与家人都是不完美的，但也许那个不完美的家和不完美的我们，才是能够互相温暖的完美契机。

电影《鸟人》

在这个快节奏的时代，深度的纯文学作品，早已没有了生存的土壤。工业化生产的影视剧，就像口味越来越重的快餐，在调教着观众的口味。电影彻底沦为资本圈钱的游戏，而不再是为了传递思想、探讨问题或者关注人性的视觉艺术。观众爽一把就忘，资本圈点钱就跑。留下的就只有满地狼藉的创作环境，以及两眼无神，再无期待的观众。

注意这些要点，确保顺利通过审核

抖音对电影剪辑视频的审核是非常严格的，所以，在制作视频时要注意以下要点。

不谈政治

抖音是一个泛娱乐类的内容平台，既然是一个娱乐平台，就不要谈政治。例如，如果某两个国家关系紧张之时，切不可出现吹捧某一方、贬低另一方的言辞。另外，涉及中国香港、中国澳门、中国台湾三地时，要注意增加"中国"二字。

不聊民生

虽然在解说电影时可以联系民生现实，但联系的一定是大趋势、大背景，不要和某个具体的事件联系。如果要联系，这个事件一定要经中央媒体报道过，从而证明其真实性。例如，解说一部涉及"自杀"情节的电影，如果最近刚好出现了一起经过报道的自杀事件，那么谈到这个现实事件的所有内容，应该是中央媒体报道过的。否则，就有可能被判定为"有造谣嫌疑"。那么，无论是不是"造谣"，这个视频都轻则限流，重则直接被删除。

不要出现"性暗示"内容

"性暗示"是视频的绝对禁区，每个创作者都必须把握好尺度，比如，亲吻画面在大街上可以，但是在床上不可以；情侣、夫妻之间的接吻可以，但婚外情的接吻画面就是被禁止的；不能在解说时出现渣男、渣女、出轨、妓女等词汇。一些历史纪实类画面、艺术品，以及孩子、儿童的裸露，同样会受到严格的审核，建议做一定的遮挡处理，总之，创作时尺度从严有益无害。

暴力恐怖画面要打码遮盖

电影中出现暴力画面再正常不过，但一定要注意尺度。血腥画面要直接删除或打码遮盖，否则无法过审。如图 7-14 所示的画面，打斗很激烈，但没有出血的画面。对于恐怖电影，可保留渲染恐怖氛围的画面，不要出现鬼怪、丧尸等画面。

青少年题材务必远离犯罪

解说与青少年相关的电影时，要避免出现与青少年犯罪相关的情节，否则也无法过审。如某视频因为一句"小女孩怀孕死了了"而被限流，原因是这句话被认定为涉嫌虐待未成年人。

所以，为了保证视频顺利发布，一切涉及青少年犯罪或者被犯罪，甚至是受到严重伤害的部分都应尽力避免，或者采用委婉的说法进行表达。

图 7-14

视频消重方法

什么是视频消重

抖音是一个推崇原创内容的平台，因此，只要被判定为内容重复、搬运，就会被限流，而且也无法投 DOU+，图 7-15 所示为一个被判定为重复搬运的视频。但在这里不得不指出的是，抖音的审核有一定的误判率，而且对于影视剪辑类视频来说，由于众多创作者使用的原始视频素材是相同的，所以，更加增大了误判的概率。在这种情况下，创作者可以按以下所讲的方法，对视频进行消重，再重新发布。

图 7-15

视频消重的几种方法

下面所讲述的方法都涉及一定的技术性，限于篇幅，无法讲解具体的步骤，所以只讲解相关思路。

》修改 MD5：简单地说，MD5 类似于个人身份证，每个视频对应一个 MD5 数值，所以，平台只需要通过判断 MD5 就能验证视频是否是重复的。如果视频被误判为重复，可以通过使用专业的 MD5 数值调整软件来修改 MD5。

》修改分辨率：如原视频是 1920×1080 的蓝光分辨率，将其修改为分辨率为 720×1280 的视频。

》变速：包括剪映在内的很多软件都可以改变视频的速度，建议调整为 1.1~1.2 倍。

》截取视频：通过对视频做简单的裁剪处理，从原视频中去除部分冗余的话语或过渡语言。

》转换视频画幅：将横版的 16：9 画幅转为竖版的 9：16 画幅。

》裁剪视频：如将分辨率为 1920×1080 的原视频裁剪成 1915×1075 的分辨率。

》调节视频音量：将视频的声音调高或调低。

》视频镜像：将视频的左右水平翻转一下，但如果视频本身有字幕，这种方法则不合适，可以考虑先裁剪字幕，再水平翻转。

》增加背景音乐：给视频添加音量较低的背景音乐。

如果单独使用某一种方法无效，可以尝试将若干种方法叠加起来使用。

制作解说视频的完整技术流程

虽然每个创作者撰写出来的文案可能千差万别，但制作视频所执行的操作却基本相同。

根据文案生成声音素材

大多数创作者都会根据声音截取视频画面，所以，根据文案生成声音素材是制作视频的第一个步骤。生成声音素材文件的方法有很多种，在本书前面章节已经做过介绍，在此不再赘述。

笔者推荐的方法是创作者自己录音，因为自己的声音具有辨识度，有助于账号树立人设。

通读理解文案

无论文案写作与视频剪辑是否是同一个人，在剪辑视频之前都应该再次通读文案，从而理清思路，为提取视频素材、安排视频素材逻辑顺序，打好基础。

根据声音提取并组强视频素材

这个过程是指创作者从电影原视频中根据文案截取解说视频所需要的片段。

在这个过程中，可以先把第一步生成的声音素材文件调入后期剪辑软件中，放在声音轨道上，如图 7-16 所示。

然后根据解说文案从视频文件中寻找对应的画面。

图 7-16

许多创作者在创作文案时，都会为文案标注时间码。

例如，（2分30秒）男主输入密码、（35分21秒）小女孩儿眼睛睁开。

因此，如果在制作文案过程中，工作比较细致，提取素材的时候就不会麻烦，只需要根据文案提示，在时间码所标定的视频处截取视频素材，如图7-17所示。

在这个操作过程中要注意运用以下两个要点。

图7-17

调节视频速率匹配讲解重点

为了使画面与文案相互匹配，可以使用图7-18所示的功能，稍微调整视频的播放速度，目前，各个后期剪辑软件中都具备这一功能。

以声音为主画面为辅

以声音为主画面为辅，并不是指视频画面不重要，而是指当创作者解说电影时，其实相当于在一定程度上是利用原电影视频画面进行二次创作。

观众在观看电影解说视频时，是按文案的逻辑主线来进行理解和观看的，所以，声音的重要性高于视频画面。

例如，某电影中一句解说词是"此时，女主表情逐渐绝望"。在为这一句话匹配视频素材时，创作者完全可以在整部电影中寻找能够匹配的画面，而不必考虑这个画面出现的时间节点。

因为将一部时长90分钟的电影浓缩成为6~7分钟的视频时，有大量画面不可能出现在视频中，这些视频画面都可以作为素材配合解说。

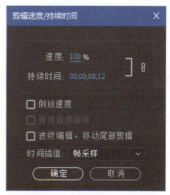

图7-18

增加背景音乐

解说视频基本上都要删除视频原音，重新配背景音乐。这样操作有如下 3 个目的。

首先，降低版权风险。其次，由于通过剪辑后，电影视频是片段式的，因此，原有的背景音乐会由于不完整，使视频的整体性下降，如图 7-19 所示。最后，不同的背景音乐，可以为电影视频带来新鲜感。

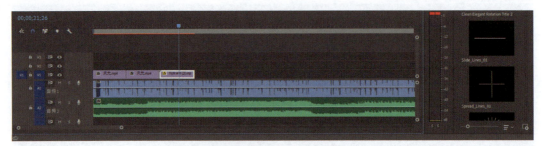

图 7-19

增加字幕

上述工作完成后，可以导出视频。进入"剪映"软件，因为在剪映中生成字幕、为字幕设置文字格式非常方便、快捷。点击"识别字幕"下的"开始识别"，一分钟即可完成，如图 7-20 所示。

注意，一定要在字幕列表中修改字幕中的错别字。

图 7-20

上传视频

视频完成后，下面的工作就属于常规操作，包括起标题、做封面、挂链接等，这些操作在本书前面的章节有详细讲解，在此不再赘述。

然后，可将视频上传至不同的平台。注意，在抖音平台发布视频时，一定要从中视频伙伴计划入口去发布，如图 7-21 所示。

图 7-21

值得学习研究的 66 个解说类账号

电影解说不同于直播或小店类目，只要内容足够好，即便是新号也能从众多解说类账号中脱颖而出，加之此类账号通常依靠播放量来获得收益，因此，笔者在抖音数据分析平台上，按视频平均播放量进行了排序，找到了以下值得新手学习借鉴的账号，如图 7-22 和图 7-23 所示。因平台每日更新数据，如有需要，可以和图中数据对比学习。

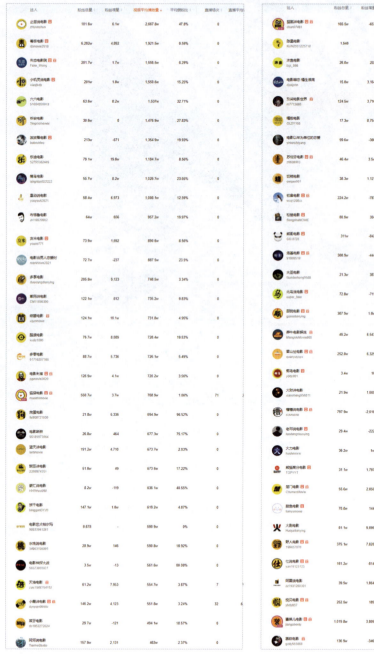

图 7-22　　　　　　　　　　　　图 7-23

第 8 章

游戏发行人计划微创业实操及 38 个对标学习账号

认识"游戏发行人计划"

"游戏发行人计划"是抖音官方开发的游戏内容营销聚合平台，游戏厂商通过该平台发布游戏推广任务，抖音创作者按要求接单创作游戏宣传视频，平台根据点击视频左下角进入游戏或下载游戏的观众数量，为短视频创作者结算奖励，从而完成变现。

"游戏发行人计划"入口

"游戏发行人计划"是一种零门槛变现方式。

进入抖音，搜索"游戏发行人计划"，点击小程序卡片即可进入，如图8-1所示。

在该界面即可选择感兴趣的游戏进行视频制作，如图8-2所示。

图 8-1

图 8-2

筛选感兴趣的游戏

进入"游戏发行人计划"界面后，即可选择游戏并制作视频。为让创作者更快速地找到理想的游戏并进行推广，平台提供了"综合排序""全部游戏""筛选"3种方式。通过每种方式的不同选项，可以找到很多适合做视频进行推广的游戏。

点击界面下方的"任务"选项后，即可在界面上方找到上述3种方式。分别点击后弹出的选项，如图8-3~图8-5所示。

图 8-3

图 8-4

图 8-5

发布"游戏发行人计划"视频的方法

虽然"游戏发行人计划"本质上是发布增加了游戏链接的短视频，但如果不是从"游戏任务"下的链接发布视频，则无法正常计算收益，因此务必按照以下方式进行视频发布。

（1）按上文所述进入"游戏发行人计划"并点击某游戏链接后，即可查看推广视频制作要求，如图 8-6 所示。

（2）按要求制作视频后，再次进入该游戏推广界面，点击图 8-6 下方的"上传视频完成任务"按钮。

（3）从手机"相册"中选择已经按要求录制好的视频，此时该视频会自带游戏链接及游戏话题，输入标题后，点击界面下方"发布"按钮即可，如图 8-7 所示。

图 8-6

图 8-7

查看游戏发行人计划的收益

参加游戏发行人计划并发布视频后，可以按以下步骤查看收益。

（1）进入"创作者服务中心"，点击"全部分类"，如图 8-8 所示。

（2）点击"内容变现"分类下的"任务中心"选项，如图 8-9 所示。

（3）点击"我的任务"，如图 8-10 所示。在该界面即可将完成任务获得的现金提现。

（4）点击希望查看收益的游戏任务，如"董小美的十段故事"，如图 8-11 所示。

（5）可以看到为该游戏发布的推广视频获得收益 11.31 元，如图 8-12 所示。

图 8-8

图 8-9

图 8-10

图 8-11

图 8-12

4 招挑选出优质游戏

通过"游戏发行人计划"进行变现的关键在于，要让观众点击视频左下角链接体验游戏。为了达到这个目的，视频做得好自然重要，但游戏本身好玩、受众广，则是更重要的因素。

要挑选出好玩、有潜力的游戏，笔者总结出了以下4招。

按收益等级选择

"收益等级"是抖音官方根据该游戏推广视频，在上一个7天中实现的收益和播放量进行计算的。

如果一个游戏发布未满7天，其"收益等级"不具代表性。而对于一个已经发布7天的游戏，其"收益等级"没有达到3星，则意味着该游戏的收益和播放量偏低，喜欢玩此游戏的观众少。

除非创作者特别喜欢该游戏，认为值得一做，否则，建议选择收益等级更高的视频进行推广，如图8-13所示的，收益等级为5星的"万宁象棋"。毕竟高收益等级的游戏，证明受众很广，而且颇受欢迎。当观众看到该游戏的视频后，点击链接游玩的概率就更高。

图 8-13

按发布时间选择

虽然一些游戏的推广收益为5星，但是其发布时间已经远远超过7天，这时已经出现了大量高收益视频，对游戏感兴趣的大部分观众，有可能已经进行了尝试，再想拍出高收益视频就很难。

这里同样以图8-13所示的"万宁象棋"为例，其发布时间为10月29日，而笔者在看到该游戏任务时，已经是11月22日，过去了将近一个月的时间，可见该游戏虽然火爆，但竞争压力同样非常大。

因此，更好的选择是寻找那些刚刚过7天，并且收益等级达到3星以上的游戏。为便于寻找，建议通过"最新上架"选项，让游戏按发布时间排序。然后从7天前，对于笔者而言就是从11月15日的视频开始，寻找收益等级大于3星的视频。

需要强调的是，这个寻找过程需要有点耐心，因为新游戏很多，受欢迎的只是其中很少的部分，再加上我们希望找到"刚发布不久"的受欢迎的游戏，所以就更少了。

图 8-14

笔者在从11月15日查到11月12日，终于发现一个收益等级达到4星半的游戏，这就是比较好的推广目标，如图8-14所示。

按游戏类型选择

小游戏与手游最大的区别是，观众在点击小游戏链接之后，就可以直接进入游戏，整个加载过程非常简单，也就意味着它获取用户的能力是最强的，因为用户不需要去下载。而手游会麻烦一些，因为要下载、安装、登录、注册等。

小游戏获客门槛比较低，所以，单价比较低，如做小游戏推广时，每获得一个用户，可以获得 3 ~ 6 分的收益，因此，单位收益率低。而手游获得用户的收益可能是几块钱甚至几十块钱都是可能的，所以，如果操作得当，可以获得较高的收益，例如，如图 8-15 所示的"摸摸鱼"手游推广达人最高收益达到了 24 万多元，不可谓不高。

在熟悉这个变现模式之前，建议先做小游戏推广，待账号有一定粉丝量后，可以尝试做手游推广。

另外，如果粉丝定位为有一定消费能力的成人，可以尝试做手游推广。

图 8-15

按结算方式选择

游戏发行人计划中的任务分为"按播放量""按游戏人数""按安装人数""游戏收入"4 种方式结算。

对于新号而言，由于没有粉丝基础，所以流量较低，并且极不稳定。在这种情况下，如果希望通过"按游戏人数"结算的方式进行变现极为困难，因为连看视频的人都不多，又能有多少人去玩游戏呢？所以，这类视频往往有几百、上千的播放量，其收益也是"0"。

选择"按播放量"结算，即便播放量不高，也会有些收益。这时的收益不在多少，哪怕只有几毛钱、几块钱，对于刚刚起号的内容创作者而言，也是一种激励。

如图 8-16 所示为创作者刚开始做"游戏发行人计划"所发布的前两个视频。第一个视频是"按游戏人数"结算，其播放量近 500，收益为 0，而第二个视频是"按播放量"结算，其播放量为 4000 左右，收益为 11.29 元。

所以，在选择游戏的时候，一定要查看"结算方式"，选择类似于图 8-17 所示的按"按播放量"结算的游戏。

图 8-16

图 8-17

游戏视频的5种常见创作形式

游戏录屏

游戏录屏即将自己玩游戏的过程录制出来，这是一种最简单、初级的视频制作方法。新手可以尝试，但如果要想爆款，基本上只能依靠运气。

游戏混剪

游戏混剪即利用热门背景音乐 + 游戏介绍话术 + 游戏视频素材，制作出一个介绍游戏的视频。背景音乐要选择当下热门的山曲目，还要与素材画面风格相契合，如古风类手游适合搭配国风加节奏感强的音乐。话述文案则是点睛之笔，简单几句就要突出游戏亮点，并引起用户的共鸣情绪。游戏素材要展示游戏玩法、亮点，要能切中游戏用户的痛点。

要制作此类视频，可以从剪映 App 中寻找成熟的模板套用，如图 8-18 所示。

图 8-18

剧情二创

剧情二创视频是以游戏主角为素材，将其相关画面通过重新配音或增加字幕，创作成为大家熟悉的剧情。

例如，从游戏中找到两个角色，将 A 角色模拟成紫霞仙子，将 B 角度模拟成至尊宝，然后借用大家都熟悉的《大话西游》的背景音乐与对白，使观众有耳目一新的感觉。

图 8-19

真人解说

真人解说是指一边玩游戏，一边以真人出镜的方式录制的视频。可以通过创作者夸张的表情、搞笑的语言或动作来对游戏做辅助讲解，从而获得较高的视频互动数据，如图 8-19 所示，账号"大皮游戏解说"是此类中的佼佼者，可以参考学习。

角色扮演

角色扮演指真人模拟游戏中的角色，特别适于 Cosplay 玩家，如图 8-20 所示。账号"小暮 mumu"是此类中的佼佼者，可以参考学习。

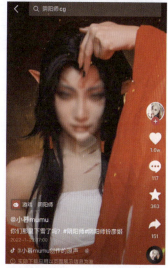

图 8-20

新号变现的 5 个关键点

相比全民任务还需要积累一定粉丝才容易变现，游戏达人计划则是真正意义上的新号也可以变现，但要注意以下 4 个关键点。

做好账号包装

新号没有账号标签，所以最开始的几个视频，抖音就是通过账号的名称、头像、简介等信息确定推送人群的。因此，当上述 3 项均与游戏相关时，即便是新号，推送的人群也会相对准确，从而为变现打下基础。

» 账号名称最好是 ×× 游戏、×× 的游戏日常等，重点是要有"游戏"二字。

» 头像最好是动漫或者卡通人物、游戏角色、游戏设备，总之是二次元的，与游戏更匹配。

» 简介说明下账号会给大家推荐游戏就可以了，如"每天推荐精品小游戏，好玩也不要钱哦~"。

如图 8-21 所示的抖音账号"游戏队长"，在账号信息方面就既完整，又处处体现着"游戏"二字。

图 8-21

通过模仿快速渡过新人期

除非有一定抖音运营及创作经验，否则笔者建议新手要通过模仿度过新人期，而不是盲目创新。模仿的方法也很简单。进入游戏发行人计划页面之后，点击下方的"学院"图标，然后点击"榜单专区"，如图 8-22 所示。

在这里可以看到"优质内容榜""收益总榜""达人榜"和"机构榜"等不同榜单，建议每个新手至少要把这些榜单上面的所有视频都刷一遍，一方面可以培养游戏类视频的创作网感，另一方面可以在这里找到非常多的优质创作者，从而作为自己的对标账号。

以量取胜

建议新手每天完成的游戏任务数量最少 5 个，从而实现广撒网，多敛鱼，通过数量去寻求得到爆款的机会。只要出现一个爆款，赚取的收益就足以弥补那些没有流量的视频所造成的损失。如抖音号"大熊爱玩小游戏"是粉丝数一万不到的新号，很多视频连 10 个赞都不到，但坚持不断更新，凭借着置顶的两个视频，其收益就达到了 7000 多元。

图 8-22

注意游戏类型的选择

这里的游戏类型并不是指小游戏或手游等，而是游戏的玩法类型，按照游戏的玩法，游戏基本上可以分之分成为益智、模拟、三消、对战、竞速、射击、动作、战略、合成、反应、棋牌等。不同的游戏玩法对应不同的群体，例如，男性群体可能更喜欢玩射击、竞速、动作、战略等游戏类型，所以，为了保持账号的垂直性，建议创作者在初期每个账号专注于创作某个类型的游戏视频，可以通过账号矩阵化运营时，每个账号都有非常垂直的粉丝群体，这样才能增加粉丝的黏性。

将游戏与熟悉概念绑定

新号做游戏发行人计划不容易变现的主要原因在于粉丝太少，导致视频没有流量。而且由于发行人计划中大部分为小游戏，其实质量并不高，也没有什么知名度，无法依靠"产品"本身获得流量。可以考虑将游戏里的玩法或术语与已经在众多游戏玩家中口口相传，大家已经非常熟悉的概念进行绑定。

例如，很多玩家对于游戏的"出货率"这个概念很熟悉，很多手机游戏的社区也都会看到有人讨论"出货率"的问题。那么，就可以针对"出货率"这个点做一个短视频，着重突出某一游戏"出货率"高的特点，从而，以熟悉的概念吸引大量的观众。

如图 8-23 所示推广"武林闲侠"的视频，其画面中一直出现"我怎么一抽就抽到了？"的字样，让观众认为该游戏的顶级角色"出货率"很高。

图 8-23

图 8-24

与时事热点进行关联

游戏与时事热点，貌似关联并不会太多，但其实不然。例如，在 2021 年 6 月 16 日世预赛亚洲区 40 强赛最后一轮比赛，国足 3-1 战胜叙利亚，不少讲解足球游戏的创作者以此热点事件制作了相关视频，视频的前半部分是讲解此热点事件，后半部分则顺势带出了 FIFA 足球世界游戏，如图 8-24 所示。

图 8-25 所示为一个讲解台球游戏的视频，视频主要画面就是从相关视频中截取出来的丁俊晖出场，可以说制作成本非常低，但效果却非常不错。

图 8-25

值得深入研究的 37 个游戏发行达人账号

不同于本书前面讲解的其他短视频微创业项目，游戏发行达人的学习账号在项目页面可轻松找到，下面是笔者截取的 2022 年 4 月上榜账号，读者可以根据需要每月自行查询，如图 8-26 ~ 图 8-28 所示。

图 8-26

图 8-27

图 8-28

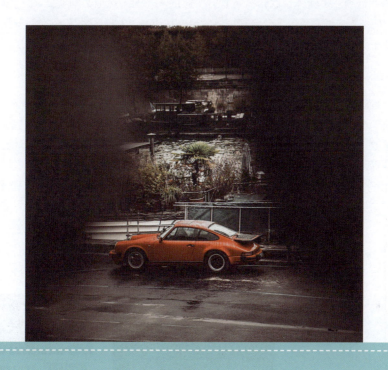

第 9 章
拍车计划微创业实操及
43 个对标学习账号

全面了解拍车赚钱计划

什么是拍车赚钱计划

"拍车赚钱计划"是懂车帝联合抖音官方发起的汽车达人现金奖励项目。凡是拍摄指定车辆的视频，通过任务入口发布后，平台会根据播放量、互动率、内容质量等多项指标综合计算收益。此变现方式对于卖一手车或二手车及爱车的内容创作者而言非常合适。

0 粉能做拍车计划赚钱吗？

在抖音，确实有一些 0 粉就能参与的变现任务，而拍车赚钱计划就是其中之一。

但 0 粉能参与，并不意味着 0 粉能赚钱。抖音所有的变现方式，都建立在"流量"的基础上。而粉丝量恰恰是流量的重要来源之一。足够多的粉丝不会让你的视频个个都是爆款，但最起码个个都有一定的播放量作为保证，所以，变现赚钱就会容易很多。

虽然，由于运气的成分，0 粉视频也有可能成为爆款，但概率太低。因此，0 粉做拍车计划很难赚钱，但只要坚持去做与汽车相关的视频，积累粉丝量，提高账号垂直度，一到两个月变现是不成问题的。

拍车赚钱计划收益如何

图 9-1 和图 9-2 分别展示了两个月的收益榜，根据这些数据，可以肯定的是，拍车赚钱计划不能让创作者一夜暴富。

虽然，2022 年 2 月第一名收益达到了 118000 元，看起来很不错，其实创作者在其他月份收益并不高，如在 2021 年 12 月收益仅 7599 元。

所以，拍车计划作为一个副业还是不错的。

想靠几个视频就获得不错的收益也是不可能的，上榜创作者的投稿次数都不少，可见都坚持长期参与该计划。

图 9-1

图 9-2

不懂车，没车拍，能做拍车赚钱计划吗

笔者建议寻找自己感兴趣的领域，去通过那个领域的变现途径赚钱是更好的选择。如果实在不知道该拍什么，不懂车、没车拍，甚至不出家门，就坐在电脑前，也能做拍车计划视频。

具体方式就是，先确定要做视频的车型，然后去网络上搜索该车的图片、视频。为避免版权纠纷，可以在该车的官网下载或者录屏这些素材。

然后，使用剪映套模版的方式来制作视频，按照此方法，一天做十来个、几十个视频不成问题。有兴趣的读者，可以参考借鉴图9-3所示的账号。

图 9-3

拍车赚钱计划参与方法

拍车赚钱计划是一种零门槛的变现方式，哪怕是第一天建新号，也可以参与该计划。

具体操作方法如下。

（1）进入抖音，搜索"拍车赚钱计划"，点击界面上方的"立即参与"按钮，如图9-4所示。

（2）简单阅读一下页面内容，对拍车赚钱计划有一个基本了解，并点击右下角"参与计划"按钮，如图9-5所示。

（3）在任务广场选择任务，其实就是视频中会介绍的车型，如图9-6所示。

图 9-4

图 9-5

图 9-6

（4）仔细阅读视频内容及发布规则，准备好视频后，点击"上传视频开始赚钱"按钮，如图 9-7 所示。

（5）点击右下角的"相册"选项，如图 9-8 所示。

（6）从相册中选择制作好的视频，点击右下角的"下一步"按钮。

（7）如果视频没有需要修改的地方，在图 9-9 所示的界面继续点击"下一步"按钮即可。

（8）进入发布界面后，不要删除自动在标题栏出现的话题，否则，收益无法正常结算。建议再添加几个流量较高的话题，蹭一蹭热度。当然，话题要与视频内容相关。因为在第 3 步中选择的是极狐阿尔法 S，这款车的智能驾驶部分使用的是华为的技术，并且系统也用的鸿蒙系统，所以，在话题中增加了"华为"。接下来点击界面下方的"发布"按钮即可，如图 9-10 所示。

图 9-7

图 9-8

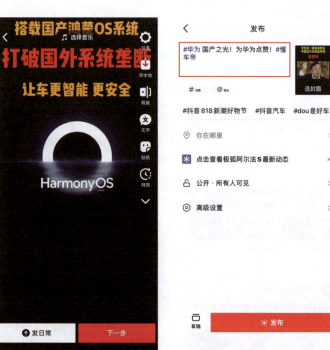

图 9-9

图 9-10

拍车赚钱计划视频常用拍摄表现方法

实拍

实拍汽车是最常见的一类视频，通过创作者实拍汽车，对其外观、内饰、内部空间、储存、座椅、空调、音响等各项功能进行详细讲解与分析，如图 9-11 所示，创作者讲得明白，观众听得清楚，因此，视频互动数据通常不错。

混剪

混剪是一种省时省力的视频制作方式，只需要找到不同车型的视频甚至可以是 3D 渲染视频，再配合上性能、卖点介绍文字与热门音乐即可，如图 9-12 所示。

图 9-11

汽车的介绍视频，通常是汽车官网提供的介绍型视频，也可以是汽车在展会上的花絮视频或新闻发布会的揭幕视频。一个有用的小技巧的是，如果有较好的外语基础，就不要只盯着国内的各汽车官网，可以多浏览各大汽车国外网站或国外专业汽车评测网站，通常能够获得更丰富的视频内容。

至于视频所需要的文字，除了可以从官网获得性能介绍类文字，还建议多去汽车介绍的综合类网站，查看汽车用户的真实评价，如果能从中找到神评论，则有更大概率引爆视频。

图文

前面的章节已经讲过，图文是抖音新扶持的内容形式。好的图文内容在流量上完全不输于视频内容。

图 9-12

创作者完全可以通过图文的形式为自己的账号引流或直接利用图文内容来变现，如图 9-13 所示。

图 9-13

拍车赚钱计划案例分析

本案例将以五菱宏光 MINIEV 为例，介绍该车型下收益最高的推广视频，其收益达到了 5322.9 元，如图 9-14 所示。

挑选热门车型制作推广视频

对于一些销量比较差的车型，因为关注的人本来就少，所以即便制作了视频，其观众数量也不会很多。

而热门车型，如号称五菱宏光又一神车的"MINIEV"，不但大卖，而且口碑也非常不错，就很值得选择。

选择这种热门车型制作短视频，相当于借助了汽车本身的流量，这与做明星相关短视频蹭流量是同样的道理，出现爆款的概率会高很多。

视频短小精悍

获得 5322.9 元的汽车推广短视频，其时长只有 6 秒。正是因为视频很短，还没等观众完整阅读完视频上的文字时，就已经播完了，其完播率一定会非常高，进而有利于该视频获得较高的系统评分，从而获得更多的流量。

值得一提的是，该视频所有画面均为静态图片，只需要将这些图片拼接在一起即可，制作非常简单。

这也从一个侧面证明，视频质量高与能否获得高流量不是必然关系。

关键在于内容能否在短时间内迅速吸引观众的注意力。

文字内容指出关键点

上文已经提到，该视频的所有画面均为图片拼接，所以，视觉上不会给观者多大的视觉冲击力，也无法瞬间抓住观众。而视频之所以能达到很高的完播率，除了视频时长短，还要依靠能够引起观众兴趣的文字。

在该视频中"燃油版 MINI""油耗 3.1 升"都是能够第一时间吸引观众的信息，如图 9-15 所示。

如果观众希望进一步了解该车型，自然会点击左下角的链接，或者针对这些关键点进行讨论。无论哪种行为，都会提高该视频的"互动率"，有利于让视频得到更多流量。

图 9-14

图 9-15

值得深入研究的 43 个拍车达人账号

不同于本书前面讲解的其他短视频微创业项目，拍车达人的学习账号在拍车计划项目页面可轻松找到，下面是笔者截取的 2022 年 4 月的上榜账号，读者可以根据需要每月自行查询，如图 9-16 ~ 图 9-18 所示。

图 9-16

（中栏 图 9-17）

20	ΥΥ拍车 233次投稿	19240.00元
21	小HH撩车 90次投稿	19200.00元
22	小布丁拍车 155次投稿	19100.00元
23	喵喵爱拍车 185次投稿	18770.00元
24	小宇拍车 276次投稿	18640.00元
25	小贝爱拍车 211次投稿	17890.00元
26	蕉蕉拍车 149次投稿	16420.00元
27	嘟嘟拍車 162次投稿	15480.00元
28	拍车学弟 206次投稿	15270.00元
29	实习女司机 194次投稿	13670.00元

图 9-17

（右栏 图 9-18）

1	机械系小王王 真人解说	5000.00元 作品▼
2	魏派赵老师 真人说车	5000.00元 作品▼
3	才哥欣雨汽车 真人评车	5000.00元 作品▼
4	车圈小王 评车解说	5000.00元 作品▼
5	李哥说车 选车买车	5000.00元 作品▼
6	有趣的牛头人车队 实拍说车	3000.00元 作品▼
7	老李平价二手车批发 实拍说车	3000.00元 作品▼
8	苏州新迪奥迪 实拍评车	3000.00元 作品▼
9	新车频道 实拍导购	3000.00元 作品▼
10	车圈强哥 实拍说车	3000.00元 作品▼
11	马老板带你看高级车 汽车知识	2000.00元 作品▼
12	晓鹤玩坦克 用车知识	2000.00元 作品▼
13	村长《户外越野》 实拍越野	2000.00元 作品▼
14	坦克李师傅 用车知识	2000.00元 作品▼
15	赖工在线 用车知识	2000.00元 作品▼

图 9-18

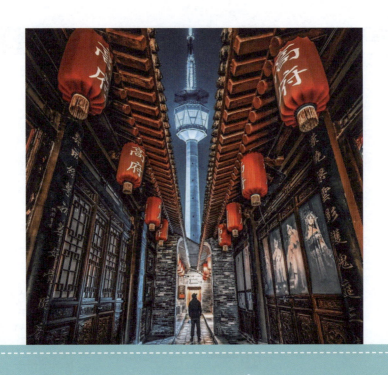

第 10 章

全民任务计划
微创业实操

全民任务是什么

全民任务是一种零门槛的变现方式，哪怕是新建的账号，也可以参与完成全民任务。但至于能否成功变现，则要看视频的播放量、点赞、评论等数据表现。

全民任务接取方法

全民任务接取方法如下：

（1）打开抖音，搜索"全民任务"，点击上方的"全民任务"卡片进入，如图10-1所示。

（2）选择感兴趣的任务，点击"去参与"按钮，如图10-2所示。

（3）查看"任务玩法"制作要求，并点击"精选视频"标签页，观摩学习其中的视频，拓展思路，最后点击下方的"立即参与"按钮，如图10-3所示。

图 10-1

图 10-2

图 10-3

全民任务变现的 5 个关键点

根据账号定位选择合适的任务

参与全民任务时发布的视频同样会影响账号标签。因此，如果不按照账号定位选择任务，拍摄不属于垂直领域的内容，则会在一定程度导致视频受众不够精准，进而影响长期发展。

另外，在标签已经形成的情况下，接取与标签受众不相符的任务，当视频发布后，也不会达成较好的数据指标，很难成功变现。

所以，笔者建议在选择全民任务时，点击界面上方的"行业"选项，筛选出与账号所属领域相关的全民任务，如图10-4所示。从而既有利于提高账号内容的垂直度，又有机会获得任务奖励。

通过界面上方的"奖励类型"和"任务类型"，还可以对全民任务做进一步筛选，方便创作者快速找到理想的任务，如图10-5、图10-6所示。

图 10-4

图 10-5

图 10-6

先账号、后任务

虽然全民任务零门槛，新号也可以接任务，但是在没有粉丝基础，以及明确的账号标签的情况下，很难让发出的视频有较高的流量。没流量，自然拿不到任务奖励。

因此，对于新号而言，不要指望能通过全民任务这一方式拿到多少收益，而应该以积累账号人气，吸引更多观众为主要目标进行视频创作。

视频内容创作完成后，看一下全民任务，有没有"顺便"可以参加的，既给自己一个拿奖励的机会，又能多一个流量来源。

对于已经有一定积累的账号而言，可以结合自身定位，为全民任务单独创作视频。在稳定流量加持，以及任务与账号所处领域相近的情况下，拿到奖励的概率是比较高的。图10-7 所示的抖音号"小张老师"，其粉丝已经达到 498 万，再结合自身"老师"的定位，与"消炎镇痛膏"找到关联，实现了不错的宣传效果，如图10-8 所示。

图 10-7

图 10-8

不要过于看重"相关性"

为起到更广泛的宣传效果，部分全民任务的"必选要求"非常简单，甚至只要在画面中出现一句文案或者标题中加一个指定的话题即可。对于这类任务，则不要太看重"相关性"。哪怕所拍内容与任务几乎没有任何关联，也可以参与该任务。

这样做的好处是，哪怕没有获得奖励，也可以增加部分从该任务引入的流量。而缺点就是，画面中增加的文案可能会影响美感。

图 10-9 所示的"我为贵州农产品打 call"这个任务，其"必选要求"如下：

（1）添加指定话题"我为贵州农产品打 call"。

（2）视频添加指定字幕"我为贵州农产品打 call"。

打开"精选视频"，发现排名第一的视频内容与贵州农产品其实一点关系都没有，是一段轮滑视频，如图 10-10 所示。甚至该视频并没有按要求在画面上出现字幕"我为贵州农产品打call"，如图 10-11 所示，而仅仅因为其流量是最高的，就可以排在第一位。

当所有想参加该任务的创作者，打开精选视频第一"观摩"一下，再加上任务话题给的额外流量，哪怕该视频最终因不符合要求而没有获得奖励，其通过任务增加的流量其实就已经很有价值了。

图 10-9

图 10-10

图 10-11

新手先考虑流量任务

全民任务的奖励分为流量任务和现金任务两种，建议先积累账号粉丝，再通过做任务变现。在账号建立初期，可以通过做流量任务增加粉丝积累速度。具备一定粉丝基础后，再做现金任务，获得更高收益。

另外，由于现金奖励的吸引力更大，所以更多账号，尤其是一些已经积累一定粉丝的账号，会选择做现金任务，这大大增加了此类任务获奖的难度。

而大号看不上的流量任务，给了新号机会，因此，获奖概率相比现金任务增加不少。

参加任务要趁早

虽然全民任务一般会持续 10 天左右，并且在此期间均可参与，但如果参与时间较晚，当该任务的相关视频已经在平台大量传播，就多少会让观众产生审美疲劳。所以，因"任务"而带来的流量红利会大大减少。

另外，越早发布，视频在网络上发酵的时间就越长，获得更高流量、点赞及评论的机会就越大。如果在任务临近结束时再发布，除非出现爆款，否则，获奖概率几乎为零。

建议读者进入全民任务界面后，点击右上角的 3 个点图标，如图 10-12 所示，然后开启"新任务提醒"选项，如图 10-13 所示。当有新任务上线时，即可第一时间收到通知。

图 10-12

图 10-13

全民任务的审核、结算与提现

全民任务的审核机制

投稿全民任务后，抖音官方会进行第一轮审核。审核结果将由"全民任务小助手"进行通知。如果审核没有通过，在通知上会注明具体原因。完成修改后，可以再次投稿参加任务，但每天只能投稿一次。

参加任务的视频在一审通过后即会正常进入流量池，当其达到了一定播放量、点赞量、评论量或者登上排行榜后，抖音会对其进行更严格的第二轮审核。如果第二轮审核通过，则会进入下一级流量池，获得更多流量。

全民任务结算机制

全民任务将在截止日期的后一天进行结算，结算完毕，即可进行提现。

需要注意的是，通过第一轮审核的视频，并不意味着能获得相应的收益。是否能获得收益，还需要平台对该视频的播放量、点赞量、评论量等多方面因素进行考核，得出综合评分。综合评分越高，获得奖励的机会就越大，金额越高。

全民任务提现方法

在结算完成后，可在"创作者服务中心"中点击"全民任务"选项，点击"我的"选项，然后点击"提现"按钮。